化妆品生产质量管理规范指引

上海市医疗器械化妆品审评核查中心◎编

刘恕◎主编

学林出版社

编 委 会

主　编

刘　恕

编　委（按姓氏笔画排序）

刘　恕　竹庆杰　李　聪　杨　娇

周友娥　周灯学　周懿悦

序 言

　　上海作为时尚之都，以其独特的城市属性吸引了众多国际、国内知名美妆品牌落户发展。2021 年，本市发布《上海市化妆品产业高质量发展行动计划》(2021—2023 年)，以推动高质量发展为主题，努力把上海打造成为聚合全球化妆品产业高端要素资源的高能级总部集聚地，国内一流、具有国际影响力的化妆品高品质制造地，引领国内化妆品产业链参与国际竞争的创新策源地，汇聚融合东西时尚和文化的化妆品品牌集萃地。

　　上海化妆品产业基础强，产业集聚度高，生产制造业稳步发展。截至 2024 年 11 月底，全市共有化妆品生产企业 230 家，居全国前列。《化妆品监督管理条例》实施以来，监管部门、化妆品企业、行业协会加强法规宣贯培训，主动适应法规变化，全面落实法规要求。围绕化妆品生产监管，上海市药品监管部门细化监管要求，统一检查标准，不断提高监管质量和水平。同时，建立指导服务机制，加强化妆品行业相关从业者对新法规的认识。

　　为进一步加强指导，由上海市医疗器械化妆品审评核查中心编撰的《化妆品生产质量管理规范指引》，立足法规要求，立足产业发展现状，结合化妆品生产监督检查实践经验，从现场检查证据类型、常见问题等予以分析阐释，明确细化要求。希望本书能为化妆品相关从业者提供一份翔实的技术参考。

赵燕君

2024 年 11 月

1

前　言

　　化妆品产业伴随着经济的不断增长呈现出日新月异的发展态势，尤其是近年来，随着国潮文化的兴起，国产化妆品的发展也进入了高速发展的新赛道。

　　化妆品生产是将研发样品成功转化为批量式产品的重要过程，在既往历史中，因生产质量管理体系的不完善导致的产品质量安全问题层出不穷，既影响了生产企业的品牌形象，也损害了消费者的切身利益，科学、合规的生产过程控制可以有效降低产品质量安全风险，保障消费者用妆安全。因此，生产环节管控对产品质量安全的重要性不言而喻。加强对化妆品生产过程的质量控制，规范企业生产行为，对促进产业高质量发展、为消费者提供安全可靠的产品意义深远。

　　回顾化妆品生产的监管历史，从粗放式监管逐渐转变为精细化监管，每个时期的监管政策制定与当时的产业现状相吻合。随着《化妆品监督管理条例》的颁布与实施，化妆品监管正式进入 2.0 时期，作为其配套的重要制度文件，《化妆品生产经营监督管理办法》《化妆品生产质量管理规范》《化妆品生产质量管理规范检查要点及判定原则》对《化妆品监督管理条例》在生产环节的要求——作出了明确的规定，为基层监管人员、生产质量相关人员提供了更加细化的政策依据。

　　本书绪论部分从化妆品生产相关法规解释出发，就法规的立法本意、重点条款解读进行阐述。第一章至第六章根据《化妆品生产质量管理规范检查要点及判定原则》中对于实际生产企业的检查要求，首先从生产许可检查常见流程出发，实景在线式地对企业生产现场各环节需要提供的证据材料、检查关注点进行详细说明；其次，对《化妆品生产质量管理规范检查要点及判定原则》中与《化妆品生产许可检查要点》不一致的条款进行重点解读，结合常见企业相关制度、记录示例，让化妆品相关从业者更直观地理解《化妆品生产质量管理规范检查要点及判定原则》的要求；最后，梳理《化妆品生产质量管理规范检查要点及判定原则》中各部分常见问题及解答，方便本书读者了解实际生产企业检查中的高频问题及应对措施。

本书主编刘恕曾参与《化妆品监督管理条例》《化妆品生产质量管理规范检查要点及判定原则》等的调研、制定过程，从事化妆品生产许可检查、飞行检查、境外核查等工作，拥有丰富的化妆品现场检查经验，是首位上海市专家级化妆品检查员。本书编者主要来自上海市医疗器械化妆品审评核查中心从事多年化妆品生产现场检查一线的资深检查员，具备丰富的现场检查经验，熟知我国化妆品生产检查要求。其中，绪论部分"化妆品生产法规要求简介"由周灯学编写，第一章"机构与人员检查要求"由周友娥编写，第二章"质量保证与控制检查要求"由李聪编写，第三章"厂房设施与设备管理检查要求"由周懿悦编写，第四章"物料与产品管理检查要求"由刘恕编写，第五章"生产过程管理检查要求"由杨娇编写，第六章"产品销售管理检查要求"由竹庆杰编写，企业制度文件示例部分由上海自然堂集团有限公司倪莉莉和上海嘉亨日用化学品有限公司严珍红提供。全书通过全方位、多角度的说明对《化妆品生产质量管理规范检查要点及判定原则》的要求进行解析，帮助读者更好地了解化妆品监管2.0时期对实际生产企业现场检查的要求，以期为化妆品生产相关从业者提供参考和借鉴，也特别感谢在此书撰写过程中未具名但提供无私帮助的领导和专家。

化妆品生产的检查要求伴随着产业的发展、人员的认知水平提升、政策的调整等不断变化，编者的认知、观点难免具有局限性，敬请广大读者批评指正。

编者

2024 年 11 月

C o n t e n t s
目 录

绪 论 化妆品生产法规要求简介

一、化妆品生产监管的意义

随着《化妆品监督管理条例》(以下简称《条例》)及其配套文件的相继发布施行，监管法规体系的四梁八柱成功构建，我国开启了化妆品监管 2.0 时代。新的监管法规体系切实践行了现代监管科学理念，将化妆品全程监管与重点监管有机结合，既保证了监管无死角，又体现了着力有重点。

化妆品产业涉及研发、生产、销售、使用多个环节，高校院所、研发机构、生产企业、销售单位、监管部门等各类经济社会主体，如何抓住确保化妆品安全质量最重要的环节，有效实施监管，是化妆品科学监管永恒的主题。

化妆品企业经过研发开发出的产品，最后都需要通过生产，成为批量上市的商品。生产管理到位，就能生产出符合预期质量要求的产品。反之，生产管理不到位，则必然产生残次品。从这个意义上来讲，化妆品产品质量的确是生产出来的，化妆品生产监管也必然在化妆品全程监管中占有重要地位。

二、化妆品生产监管制度沿革

（一）起步阶段

化妆品监管部门历来高度重视对化妆品生产环节的监管。1990 年施行的《化妆品卫生监督条例》第五条规定，国家"对化妆品生产企业的卫生监督实行卫生许可证制度"，企业取得"化妆品生产企业卫生许可证"后方能从事化妆品生产，凸显了化妆品生产监管的重要性。同时，轻工部门也发布了关于化妆品生产许可的法规文件，化妆品生产企业必须取得两个部门颁发的许可证。此后，历经多次监管制度改革，监管法规的更替，改变了监管方式，提升了监管标准，但都延续了对化妆品生产实行的许可证制度。

（二）探索阶段

《化妆品卫生监督条例》施行后相当长的时间，国家未出台关于化妆品生产监管配套的法规性文件和监督检查技术要求，于是各地根据该条例中化妆品生产的基本要求，在具体工作计划中，参考食品药品等方面的文件，临时制作检查表格，规定许可及监管流程，随意性较大，无法做到统一规范。直到 1998 年，原卫生部发布《化妆品生产企业卫生规范》，对生产企业监管有了统一的技术要求。2004 年，《中华人民共和国行政许可法》(以下简称《行政许可法》) 施行后，在化妆品卫生许可中，有了流程和时限等方面的统一要求。轻工部门负责的生产许可也几经改革调整后由质监部门负责，法制化、规范化的情形也和卫生许可大致相近。

2013 年，化妆品监管职责统一划归国家食品药品监管部门后，原国家食品药品监督管理总局制定了《化妆品生产许可工作规范》(2016 年 1 月 1 日起施行)。本规范制定的主要目的是解决原由食品药品监管部门负责的"化妆品生产企业卫生许可证"和由质监部门负责的"全国工业产品生产许可证"两证合一后"化妆品生产许可证"证件内容、办理流程、审查标准不一致的问题，以取长补短。其附件"化妆品分类"和《化妆品生产许可检查要点》在此阶段发挥了重要作用，也是后续立法的重要参考。

（三）成熟阶段

随着产业发展，监管经验积累，我国化妆品生产监管逐步进入成熟阶段，并形成稳固的制度体系。国家食品药品监管部门统一承担监管化妆品职责后，立即启动了化妆品监管立法。2018 年新一轮体制改革，国家药品监督管理局承担化妆品监管职责，在原有基础上加快监管立法，2020 年由国务院批准发布了《条例》。随之，《化妆品生产经营监督管理办法》(以下简称《办法》) 也作为《条例》重要的配套执行文件，由国家市场监督管理总局发布施行。化妆品生产监管在《条例》和《办法》中居于重要位置，继续采取了最严格的审批管理制度。

三、生产监管法规及其关系

《条例》是化妆品监管的"基本法"，也是化妆品生产监管的最高遵循。《条例》设立专章规定了化妆品生产经营法律义务，对违反相关法律规定的情形，如无证生产、未按照生产质量管理规范组织生产等都设定了最严的法律责任。《办法》对《条例》的相关规定进行了进一步明确，切实保证《条例》管理化妆品生产的制度措施贯彻到位。

随着《化妆品生产质量管理规范》《化妆品生产质量管理规范检查要点及判定原则》等法规文件相继发布施行，我国化妆品生产监管法规体系至此成功构建。

《条例》确立了生产监管的基本制度和原则要求，《办法》规定了化妆品监管的具体方式和程序规范，《化妆品生产质量管理规范》明确了化妆品生产的技术要求等主要内容，《化妆品生产质量管理规范检查要点及判定原则》细化了化妆品生产的检查判定尺度。

主持起草《条例》的有关领导专家已对该条例进行了详细释义，绪论希望通过对《办法》关于化妆品生产监管的条文进行解读，与后续《化妆品生产质量管理规范》《化妆品生产质量管理规范检查要点及判定原则》实施情况的证明证据建议，一起为化妆品企业和监管部门准确理解相关法规、依法开展化妆品生产及生产监管提供有益的指引。

（一）生产许可

许可属于预防性监管措施，本质上是事前监督行为。相对于自由开展、事前或者事后报备的活动，国家一般会对涉及公共安全、人民健康等领域的生产经营和其他具有重要影响的活动采取事前许可措施，即未经批准并取得相关证明，不得开展该项活动。化妆品生产实行许可管理是《条例》设立的化妆品监管基本制度。《办法》第二章对化妆品生产许可条件、办理程序、证件管理等进行了详细规定，共十五条（第九条至第二十三条）。

1. 明晰许可基本条件

法规条文

第九条 申请化妆品生产许可，应当符合下列条件：

（一）是依法设立的企业；

（二）有与生产的化妆品品种、数量和生产许可项目等相适应的生产场地，且与有毒、有害场所以及其他污染源保持规定的距离；

（三）有与生产的化妆品品种、数量和生产许可项目等相适应的生产设施设备且布局合理，空气净化、水处理等设施设备符合规定要求；

（四）有与生产的化妆品品种、数量和生产许可项目等相适应的技术人员；

（五）有与生产的化妆品品种、数量相适应，能对生产的化妆品进行检验的检验人员和检验设备；

（六）有保证化妆品质量安全的管理制度。

条文解读

本条与《条例》第二十六条内容一致，规定了谁可以申请化妆品生产许可，以及从事化妆品生产活动应当具备的条件。主要有以下方面：

（一）申请企业应当是依法设立的企业，通俗讲就是领取了工商营业执照的企业法人，个体工商户、社会组织等非企业法人不得申请。经过合法登记的化妆品生产企业具有固定的住所和生产场所的合法使用权，有相应的管理体系，接受消防、环保、安全生产等部门的监管，能够承担相关法律责任，其他法律主体一般不完全具备上述条件。所以，申请化妆品生产许可应当提交企业法人营业执照，经营范围应当包含化妆品生产。

（二）生产场地是化妆品生产的基本要素，也是保证化妆品生产质量的重要条件。场地周围污染较重时，仅通过后续措施，或者制度措施，难以使生产车间净化达到要求。化妆品生产企业离开那些对化妆品生产有影响的污染源究竟应该多远，与污染源的性质和位置有关，企业选址时应当充分考虑。化妆品企业产品类别品种、规模大小不一，场地大小与拟生产产品种类和规模不相适应，亦易造成车间布局无法满足避免交叉污染，或者生产时车间拥挤、容易污染的情况。

（三）生产设备设施对化妆品生产质量至关重要，也是生产许可的重要审查内容。生产设备设施一是要满足拟生产产品类别品种的需要，二是要确保生产车间空气和生产用水符合相关质量要求，三是要本身不产生污染，并易于清洁维护。

（四）高素质的技术人员是保证化妆品生产质量最关键的因素。化妆品生产企业必须拥有适合拟生产类别品种的生产和质量管理的技术人员。

（五）检验是对生产过程和产品进行质量控制的重要手段，化妆品生产企业应当具备适合拟生产产品类别品种的检验设备设施和相应的检验人员。

（六）质量安全管理制度是生产质量管理的运行规则，化妆品生产企业应当根据现代企业质量安全管理规范执行适合自身的管理制度。

2. 明确许可申报流程

📄 **法规条文**

▶ 第十条 化妆品生产许可申请人应当向所在地省、自治区、直辖市药品监督管理部门提出申请，提交其符合本办法第九条规定条件的证明资料，并对资料的真实性负责。

5

🔑 条文解读

➤ 本条规定了化妆品生产许可申请人向谁提出许可申请，即接受许可申请的责任部门。按照《条例》的规定，省级药品监督管理部门是接受化妆品生产许可申请的责任部门。部分省市为了方便企业，将具体接受申请的地点设在地市市场监管局，或者其他行政服务窗口，但按照规定，责任主体并未发生改变，仍为省级药品监督管理部门。

📄 法规条文

➤ 第十一条 省、自治区、直辖市药品监督管理部门对申请人提出的化妆品生产许可申请，应当根据下列情况分别作出处理：

（一）申请事项依法不需要取得许可的，应当作出不予受理的决定，出具不予受理通知书；

（二）申请事项依法不属于药品监督管理部门职权范围的，应当作出不予受理的决定，出具不予受理通知书，并告知申请人向有关行政机关申请；

（三）申请资料存在可以当场更正的错误的，应当允许申请人当场更正，由申请人在更正处签名或者盖章，注明更正日期；

（四）申请资料不齐全或者不符合法定形式的，应当当场或者在5个工作日内一次告知申请人需要补正的全部内容以及提交补正资料的时限。逾期不告知的，自收到申请资料之日起即为受理；

（五）申请资料齐全、符合法定形式，或者申请人按照要求提交全部补正资料的，应当受理化妆品生产许可申请。

省、自治区、直辖市药品监督管理部门受理或者不予受理化妆品生产许可申请的，应当出具受理或者不予受理通知书。决定不予受理的，应当说明不予受理的理由，并告知申请人依法享有申请行政复议或者提起行政诉讼的权利。

条文解读

➤　本条是关于省级药品监管部门对化妆品生产许可作出是否受理决定，以及出具相关文书的规定。本条内容来源于《行政许可法》的相关规定，明确了不予受理、补正资料、应当受理的情形，以及申请人依法享有的复议诉讼救济权利。

法规条文

➤　**第十二条**　省、自治区、直辖市药品监督管理部门应当对申请人提交的申请资料进行审核，对申请人的生产场所进行现场核查，并自受理化妆品生产许可申请之日起 30 个工作日内作出决定。

条文解读

➤　本条规定了省级药品监管部门对化妆品生产许可审查的内容和时限。化妆品生产许可审查包括申请资料审核和生产场所核查，作出决定的时限为自受理之日起 30 个工作日内。考虑到化妆品生产许可技术性较强，且需要进行现场核查，该时限比一般行政许可 20 个工作日的法定时限多 10 个工作日。各地药品监管部门不断提高行政许可效率，通过社会承诺方式，缩短了许可决定时限。

法规条文

➤　**第十三条**　省、自治区、直辖市药品监督管理部门应当根据申请资料审核和现场核查等情况，对符合规定条件的，作出准予许可的决定，并自作出决定之日起 5 个工作日内向申请人颁发化妆品生产许可证；对不符合规定条件的，及时作出不予许可的书面决定并说明理由，同时告知申请人依法享有申请行政复议或者提起行政诉讼的权利。

化妆品生产许可证发证日期为许可决定作出的日期，有效期为 5 年。

条文解读

本条是关于省级药品监管部门作出是否准予化妆品生产许可决定情形和时限，以及申请人依法享有的行政复议诉讼救济权利的规定，同时规定了化妆品生产许可证的发证日期为许可决定作出的日期，有效期为5年。其中生产许可证颁发日期比《行政许可法》规定的许可送达时限10个工作日减少了5日。

3. 明确许可证形式

法规条文

第十四条　化妆品生产许可证分为正本、副本。正本、副本具有同等法律效力。

国家药品监督管理局负责制定化妆品生产许可证式样。省、自治区、直辖市药品监督管理部门负责化妆品生产许可证的印制、发放等管理工作。

药品监督管理部门制作的化妆品生产许可电子证书与印制的化妆品生产许可证书具有同等法律效力。

条文解读

本条规定了化妆品生产许可证有正本、副本两种形式，法律效力相同，即在需要出示化妆品生产许可证件的场合，出示正本、副本均可。

考虑到化妆品是不受地域限制的流通产品，本办法规定化妆品生产许可证式样由国家药品监督管理部门制定，以保持全国统一，易于辨识。省级药品监管部门承担化妆品生产许可职责，故证件的印制、发放亦由其负责。

考虑到电子证书是未来的方向，本办法规定，省级药品监管部门制作的化妆品生产许可电子证书与印制的化妆品生产许可证具有同等法律效力。

📄 法规条文

▶　第十五条　化妆品生产许可证应当载明许可证编号、生产企业名称、住所、生产地址、统一社会信用代码、法定代表人或者负责人、生产许可项目、有效期、发证机关、发证日期等。

化妆品生产许可证副本还应当载明化妆品生产许可变更情况。

🔑 条文解读

▶　本条规定了化妆品生产许可证记载的内容，包括许可证编号、生产企业名称、住所、生产地址、统一社会信用代码、法定代表人或者负责人、生产许可项目、有效期、发证机关、发证日期等，这些是依法从事化妆品生产的基本要素，化妆品生产企业必须在此限定范围内从事化妆品生产活动。上述要素有所变更的，应当在化妆品生产许可证副本上予以记载。

📄 法规条文

▶　第十六条　化妆品生产许可项目按照化妆品生产工艺、成品状态和用途等，划分为一般液态单元、膏霜乳液单元、粉单元、气雾剂及有机溶剂单元、蜡基单元、牙膏单元、皂基单元、其他单元。国家药品监督管理局可以根据化妆品质量安全监督管理实际需要调整生产许可项目划分单元。

具备儿童护肤类、眼部护肤类化妆品生产条件的，应当在生产许可项目中特别标注。

条文解读

本条规定了化妆品生产许可项目的划分依据和具体分类，包括一般液态单元、膏霜乳液单元、粉单元、气雾剂及有机溶剂单元、蜡基单元、牙膏单元、皂基单元、其他单元，化妆品生产企业应当在许可类别内从事化妆品生产，不得超出。此外，对儿童护肤类、眼部护肤类具有特殊质量要求的化妆品，许可证上应当特别标注；未标注的，不得生产上述产品。

4. 明确许可变更情形

法规条文

第十七条 化妆品生产许可证有效期内，申请人的许可条件发生变化，或者需要变更许可证载明事项的，应当向原发证的药品监督管理部门申请变更。

条文解读

本条规定了化妆品生产许可证在有效期内需要变更的情形，以及办理部门。化妆品生产许可证需要变更的情形包括许可条件发生变化，以及许可证载明的事项发生变化。未经化妆品生产许可证变更，不得在变化后的范围从事化妆品生产。

法规条文

第十八条 生产许可项目发生变化，可能影响产品质量安全的生产设施设备发生变化，或者在化妆品生产场地原址新建、改建、扩建车间的，化妆品生产企业应当在投入生产前向原发证的药品监督管理部门申请变更，并依照本办法第十条的规定提交与变更有关的资料。

原发证的药品监督管理部门应当进行审核，自受理变更申请之日起30个工作日内作出是否准予变更的决定，并在化妆品生产许可证副本上予以记录。需要现场核查的，依照本办法第十二条的规定办理。

因生产许可项目等的变更需要进行全面现场核查，经省、自治区、直辖市药品监督管理部门现场核查并符合要求的，颁发新的化妆品生产许可证，许可证编号不变，有效期自发证之日起重新计算。

同一个化妆品生产企业在同一个省、自治区、直辖市申请增加化妆品生产地址的，可以依照本办法的规定办理变更手续。

条文解读

▶　本条是关于生产许可项目变化、生产设施设备改变、新改扩建车间等，以及许可变更情形的规定。在生产许可证有效期内，企业的设备设施、机构人员、生产品种等随着企业发展和时间推移，不可避免会发生各种变化，但这些变化是否必须办理许可变更，应当有一个科学合理的界定。一般来说，对产品质量有重大影响的变化，应当通过许可变更。企业生产中一般性的变化可以通过事前事后报备，或者经企业评估后自主进行，这些在后续条文中亦有体现。此类生产许可变更流程与新发证相同，但变更内容需在生产许可证副本上予以记录。

为了减轻企业负担，化妆品生产许可变更需要进行全面现场核查的，生产许可证有效期从准予变更之日重新计算。此外，在同一个省级区域内增加生产场所的，属于变更事项，不需要另行申请办理多张许可证。

法规条文

▶　**第十九条**　生产企业名称、住所、法定代表人或者负责人等发生变化的，化妆品生产企业应当自发生变化之日起30个工作日内向原发证的药品监督管理部门申请变更，并提交与变更有关的资料。原发证的药品监督管理部门应当自受理申请之日起 3 个工作日内办理变更手续。

质量安全负责人、预留的联系方式等发生变化的，化妆品生产企业应当在变化后 10 个工作日内向原发证的药品监督管理部门报告。

条文解读

▶ 本条规定了登记事项变更需要变更化妆品生产许可，以及企业质量安全负责人等变化许可进行报备的情形。这些一般不需要进行现场核查，涉及化妆品生产许可证记载内容改变的，通过简易流程，在 3 个工作日内办理；不涉及的，企业在 10 日内进行事后报备。

5. 明确许可延续情形

法规条文

▶ 第二十条　化妆品生产许可证有效期届满需要延续的，申请人应当在生产许可证有效期届满前 90 个工作日至 30 个工作日期间向所在地省、自治区、直辖市药品监督管理部门提出延续许可申请，并承诺其符合本办法规定的化妆品生产许可条件。申请人应当对提交资料和作出承诺的真实性、合法性负责。

逾期未提出延续许可申请的，不再受理其延续许可申请。

条文解读

▶ 本条是对化妆品生产许可证延续有关事项的规定，包括申请时限为有效期届满前 90 个工作日至 30 个工作日期间；受理审查部门为所在地省级药品监管部门。由于企业经过了一定时期的生产经营，熟悉相关法规，本办法规定申请人应当承诺其符合化妆品生产许可条件，并对提交资料和作出承诺的真实性、合法性负责。本办法特别规定，逾期未提出延续许可申请的，后续申请不再受理。

法规条文

▶ 第二十一条　省、自治区、直辖市药品监督管理部门应当自收到延续许可申请后 5 个工作日内对申请资料进行形式审查，符合要求的予以受理，并自受理之日起 10 个工作日内向申请人换发新的化妆品生产许可证。许可证有效期自原许可证有效期届满之日的次日起重新计算。

条文解读

▶ 本条是对化妆品生产许可延续申请审查的规定。化妆品生产许可延续针对申请资料进行形式审查，受理后 10 个工作日内发放新的化妆品生产许可证，不进行资料技术审核和生产现场核查，同时对延续许可的许可证有效期进行了规定，为原许可证有效期届满之日的次日。这一举措既体现了充分相信企业的守法意识，同时也提高了行政效率。

法规条文

▶ 第二十二条　省、自治区、直辖市药品监督管理部门应当对已延续许可的化妆品生产企业的申报资料和承诺进行监督，发现不符合本办法第九条规定的化妆品生产许可条件的，应当依法撤销化妆品生产许可。

条文解读

▶ 本条规定了延续化妆品生产许可证有效期的发证后监管有关事项。省级药品监管部门对化妆品生产企业的申报资料和承诺进行监督，对不符合规定的撤销其化妆品生产许可。

6. 明确许可注销情形

法规条文

第二十三条　化妆品生产企业有下列情形之一的，原发证的药品监督管理部门应当依法注销其化妆品生产许可证，并在政府网站上予以公布：

（一）企业主动申请注销的；

（二）企业主体资格被依法终止的；

（三）化妆品生产许可证有效期届满未申请延续的；

（四）化妆品生产许可依法被撤回、撤销或者化妆品生产许可证依法被吊销的；

（五）法律法规规定应当注销化妆品生产许可的其他情形。

化妆品生产企业申请注销生产许可时，原发证的药品监督管理部门发现注销可能影响案件查处的，可以暂停办理注销手续。

条文解读

本条是关于化妆品生产许可注销办理事项的规定，与《行政许可法》有关内容一致。本办法特别规定申请注销可能影响案件查处的，可以暂停办理注销手续，确保案件查处依法进行。

（二）化妆品生产

《办法》第三章从机构与人员、质量保证与控制、厂房设施与设备管理、物料与产品管理、产品销售管理等各方面对化妆品注册人、备案人、受托生产企业在从事化妆品生产活动中应当履行的职责义务进行了详细规定，共十五条（第二十四条至第三十八条）。本章既是化妆品生产许可的要求，也是化妆品经常性监督的内容。《化妆品生产质量管理规范》《化妆品生产质量管理规范检查要点及判定原则》可以视为对本章内容的细化。

1. 明确法律地位，强调责任主体

📄 法规条文

▶ 第二十四条 国家药品监督管理局制定化妆品生产质量管理规范，明确质量管理机构与人员、质量保证与控制、厂房设施与设备管理、物料与产品管理、生产过程管理、产品销售管理等要求。

化妆品注册人、备案人、受托生产企业应当按照化妆品生产质量管理规范的要求组织生产化妆品，建立化妆品生产质量管理体系并保证持续有效运行。生产车间等场所不得贮存、生产对化妆品质量有不利影响的产品。

🔍 条文解读

▶ 本条明确了化妆品生产质量管理规范由国家药品监督管理局制定，内容包括质量管理机构与人员、质量保证与控制、厂房设施与设备管理、物料与产品管理、生产过程管理、产品销售管理等要求；同时要求化妆品注册人、备案人、受托生产企业应当按照化妆品生产质量管理规范的要求组织生产化妆品，建立化妆品生产质量管理体系并保证持续有效运行。

化妆品生产质量管理规范是保证化妆品生产质量的重要技术法规，以前由于未从法规和规章层级明确需要制定化妆品生产质量管理规范，虽然制定了类似技术文件，但实施效果不佳。《条例》和本办法确立了化妆品生产质量管理规范在化妆品监管中的法律地位。

📄 法规条文

▶ 第二十五条 化妆品注册人、备案人、受托生产企业应当建立并执行供应商遴选、原料验收、生产过程及质量控制、设备管理、产品检验及留样等保证化妆品质量安全的管理制度。

条文解读

本条明确要求化妆品注册人、备案人、受托生产企业应当建立并执行供应商遴选、原料验收、生产过程及质量控制、设备管理、产品检验及留样等保证化妆品质量安全的管理制度，这些基本上对应了《化妆品生产质量管理规范》的规定，是化妆品注册人、备案人、受托生产企业贯彻化妆品生产质量管理规范的要求。

法规条文

第二十六条 化妆品注册人、备案人委托生产化妆品的，应当委托取得相应化妆品生产许可的生产企业生产，并对其生产活动全过程进行监督，对委托生产的化妆品的质量安全负责。受托生产企业应当具备相应的生产条件，并依照法律、法规、强制性国家标准、技术规范和合同约定组织生产，对生产活动负责，接受委托方的监督。

条文解读

本条是对委托生产化妆品时双方基本法律责任的规定，化妆品注册人、备案人是委托方，应当对受托方行使监督责任，并对委托生产的化妆品质量安全负责。受托生产企业是受托方，应当依照法律、法规、强制性国家标准、技术规范和合同约定组织生产，对生产活动负责，并接受委托方的监督。

法规条文

第二十七条 化妆品注册人、备案人、受托生产企业应当建立化妆品质量安全责任制，落实化妆品质量安全主体责任。

化妆品注册人、备案人、受托生产企业的法定代表人、主要负责人对化妆品质量安全工作全面负责。

🔍 **条文解读**

➤　本条规定了化妆品注册人、备案人、受托生产企业应当通过建立化妆品质量安全责任制落实化妆品质量安全主体责任，通过制度进行管理，同时明确法定代表人、主要负责人全面负责化妆品质量安全工作，是主要的责任人。

2. 细化关键人员要求，强化质量安全意识

📄 **法规条文**

➤　第二十八条　质量安全负责人按照化妆品质量安全责任制的要求协助化妆品注册人、备案人、受托生产企业法定代表人、主要负责人承担下列相应的产品质量安全管理和产品放行职责：

（一）建立并组织实施本企业质量管理体系，落实质量安全管理责任；

（二）产品配方、生产工艺、物料供应商等的审核管理；

（三）物料放行管理和产品放行；

（四）化妆品不良反应监测管理；

（五）受托生产企业生产活动的监督管理。

质量安全负责人应当具备化妆品、化学、化工、生物、医学、药学、食品、公共卫生或者法学等化妆品质量安全相关专业知识和法律知识，熟悉相关法律、法规、规章、强制性国家标准、技术规范，并具有 5 年以上化妆品生产或者质量管理经验。

🔍 **条文解读**

➤　本条规定了化妆品企业质量安全负责人的责任和条件。化妆品企业的质量安全负责人在落实企业质量安全主体责任上居于重要位置。企业的法定代表人、主要负责人是企业质量安全责任人，但因为负责

企业运转，工作范围广，所以不一定熟悉化妆品质量安全管理。化妆品质量安全负责人是质量安全管理的技术人员，本办法规定了其相应管理职责，同时规定其应当具有相关资质和经验。

3. 明晰生产人员要求，强调岗位培训意义

法规条文

第二十九条　化妆品注册人、备案人、受托生产企业应当建立并执行从业人员健康管理制度，建立从业人员健康档案。健康档案至少保存3年。

直接从事化妆品生产活动的人员应当每年接受健康检查。患有国务院卫生行政主管部门规定的有碍化妆品质量安全疾病的人员不得直接从事化妆品生产活动。

条文解读

化妆品生产和质量管理相关人员的健康状况对化妆品生产质量有重大影响。本条规定了化妆品注册人、备案人、受托生产企业应当建立并执行从业人员健康管理制度，建立从业人员健康档案，且规定了档案管理期限为至少保留3年。同时规定直接从事化妆品生产活动的人员应当每年接受健康检查，患有国务院卫生行政主管部门规定的有碍化妆品质量安全疾病的人员不得直接从事化妆品生产活动。本条规定是为了保证化妆品生产质量，但不宜扩大化，在健康允许条件下，化妆品生产企业可以聘用合适人员从事不直接涉及化妆品生产质量的岗位工作。

法规条文

第三十条　化妆品注册人、备案人、受托生产企业应当制定从业人

员年度培训计划，开展化妆品法律、法规、规章、强制性国家标准、技术规范等知识培训，并建立培训档案。生产岗位操作人员、检验人员应当具有相应的知识和实际操作技能。

🔑 **条文解读**

➤　化妆品生产是一个系统工程，各岗位均需聘用具有一定法律意识和操作技术的人员从事相应工作，尤其是生产操作和检验人员，应当按照企业制定的年度培训计划开展相关知识培训，并建立相应档案予以记载，规范管理。

4. 细化留样要求，强调记录保存期限

📄 **法规条文**

➤　第三十一条　化妆品经出厂检验合格后方可上市销售。

化妆品注册人、备案人应当按照规定对出厂的化妆品留样并记录。留样应当保持原始销售包装且数量满足产品质量检验的要求。留样保存期限不得少于产品使用期限届满后6个月。

委托生产化妆品的，受托生产企业也应当按照前款的规定留样并记录。

🔑 **条文解读**

➤　出厂检验是化妆品生产质量控制的最后环节，历来为质量管理视为最重要的控制手段，化妆品法规和技术规范也将出厂检验合格规定为上市销售的前提。本条规定了化妆品出厂检验留样样品形式为原始销售包装，数量满足产品质量检验的要求，保存期限不得少于产品使用期限届满后6个月，留样应当进行记录。委托生产双方均需按照规定留样。

法规条文

第三十二条 化妆品注册人、备案人、受托生产企业应当建立并执行原料以及直接接触化妆品的包装材料进货查验记录制度、产品销售记录制度。进货查验记录和产品销售记录应当真实、完整，保证可追溯，保存期限不得少于产品使用期限期满后1年；产品使用期限不足1年的，记录保存期限不得少于2年。

委托生产化妆品的，原料以及直接接触化妆品的包装材料进货查验等记录可以由受托生产企业保存。

条文解读

化妆品原料和接触化妆品的包装材料对化妆品质量至关重要，其进货记录和产品销售记录是质量追踪的基础。本条规定了化妆品注册人、备案人、受托生产企业应当建立并执行原料以及直接接触化妆品的包装材料进货查验记录制度、产品销售记录制度。进货查验记录和产品销售记录应当真实、完整，保证可追溯，保存期限不得少于产品使用期限期满后1年；产品使用期限不足1年的，记录保存期限不得少于2年。委托生产由于上述原料和接触化妆品的包装材料均在受托生产企业，故本条规定相关记录可以由受托生产企业保存。

5. 新增自查、停产要求，强调主体责任落实

法规条文

第三十三条 化妆品注册人、备案人、受托生产企业应当每年对化妆品生产质量管理规范的执行情况进行自查。自查报告应当包括发现的问题、产品质量安全评价、整改措施等，保存期限不得少于2年。

经自查发现生产条件发生变化，不再符合化妆品生产质量管理规范要求的，化妆品注册人、备案人、受托生产企业应当立即采取整改

措施；发现可能影响化妆品质量安全的，应当立即停止生产，并向所在地省、自治区、直辖市药品监督管理部门报告。影响质量安全的风险因素消除后，方可恢复生产。省、自治区、直辖市药品监督管理部门可以根据实际情况组织现场检查。

条文解读

▶　化妆品生产企业进行生产质量管理规范执行情况自查是其发现问题、自我纠正的重要措施。本条规定了化妆品注册人、备案人、受托生产企业应当每年对化妆品生产质量管理规范的执行情况进行自查。自查报告应当包括发现的问题、产品质量安全评价、整改措施等，保存期限不得少于2年。同时规定发现问题必须立即采取措施进行整改，发现可能影响化妆品质量安全的应当立即停产，并向所在地省、自治区、直辖市药品监督管理部门报告。相关风险因素消除后，方可恢复生产。省、自治区、直辖市药品监督管理部门可以根据实际情况组织现场检查。

法规条文

▶　第三十四条　化妆品注册人、备案人、受托生产企业连续停产1年以上，重新生产前，应当进行全面自查，确认符合要求后，方可恢复生产。自查和整改情况应当在恢复生产之日起10个工作日内向所在地省、自治区、直辖市药品监督管理部门报告。

条文解读

▶　长期停产会造成设备设施、生产人员、体系运转等方面的变化，从而影响生产质量。故本条规定了化妆品生产企业因各种因素停产及恢复生产需要履行的法律责任。企业连续停产1年以上，重新生产前，应当进行全面自查，确认符合要求后，方可恢复生产。自查和整改情况应当在恢复生产之日起 10 个工作日内向所在地省、自治区、直辖市药品监督管理部门报告。

6. 明确标签标识要求，强调包装审核管理

法规条文

　　第三十五条　化妆品的最小销售单元应当有中文标签。标签内容应当与化妆品注册或者备案资料中产品标签样稿一致。

　　化妆品的名称、成分、功效等标签标注的事项应当真实、合法，不得含有明示或者暗示具有医疗作用，以及虚假或者引人误解、违背社会公序良俗等违反法律法规的内容。化妆品名称使用商标的，还应当符合国家有关商标管理的法律法规规定。

条文解读

　　本条是关于化妆品产品标签的规定，主要包括应当附有标签产品形态为最小销售单元，标签内容应当与注册备案资料中的产品标签样稿一致。产品标签标注的事项应当真实、合法，不得含有明示或者暗示具有医疗作用，以及虚假或者引人误解、违背社会公序良俗等违反法律法规的内容。化妆品名称使用商标的，还应当符合国家有关商标管理的法律法规规定。

法规条文

　　第三十六条　供儿童使用的化妆品应当符合法律、法规、强制性国家标准、技术规范以及化妆品生产质量管理规范等关于儿童化妆品质量安全的要求，并按照国家药品监督管理局的规定在产品标签上进行标注。

条文解读

儿童化妆品具有更高的质量安全要求，有关质量安全要求应当在标签上进行标注，如安全警示、儿童化妆品标识等。

法规条文

第三十七条　化妆品的标签存在下列情节轻微，不影响产品质量安全且不会对消费者造成误导的情形，可以认定为化妆品监督管理条例第六十一条第二款规定的标签瑕疵：

（一）文字、符号、数字的字号不规范，或者出现多字、漏字、错别字、非规范汉字的；

（二）使用期限、净含量的标注方式和格式不规范等的；

（三）化妆品标签不清晰难以辨认、识读的，或者部分印字脱落或者粘贴不牢的；

（四）化妆品成分名称不规范或者成分未按照配方含量的降序列出的；

（五）其他违反标签管理规定但不影响产品质量安全且不会对消费者造成误导的情形。

条文解读

本条是对《条例》有关标签瑕疵概念的进一步明确，所列情形均不影响化妆品安全质量，但企业应当依法予以规范。

法规条文

第三十八条　化妆品注册人、备案人、受托生产企业应当采取措施避免产品性状、外观形态等与食品、药品等产品相混淆，防止误食、误用。

生产、销售用于未成年人的玩具、用具等，应当依法标明注意事项，并采取措施防止产品被误用为儿童化妆品。

普通化妆品不得宣称特殊化妆品相关功效。

条文解读

➤ 本条是关于化妆品不得与其他产品、普通化妆品不得与特殊化妆品混淆，从而造成误食误用、产生使用风险方面的规定。

　　为了更好地帮助化妆品从业者理解《化妆品生产质量管理规范》《化妆品生产质量管理规范检查要点及判定原则》的要求，后文将按照机构与人员、质量保证与控制、厂房设施与设备管理、物料与产品管理、生产过程管理、产品销售管理进行逐章解析，通过检查证据类型、重点条款解读及制度示例、常见问题解析，为化妆品生产企业开展自查、监管人员进行监管提供翔实的技术指引。

第一章　机构与人员检查要求

第一节　机构与人员查证证据

序号	条款	《化妆品生产质量管理规范》条款内容	检查要点	证据类型
1	第四条第一款	从事化妆品生产活动的化妆品注册人、备案人、受托生产企业（以下统称"企业"）应当建立与生产的化妆品品种、数量和生产许可项目等相适应的组织机构，明确质量管理、生产等部门的职责和权限，配备与生产的化妆品品种、数量和生产许可项目等相适应的技术人员和检验人员。	1. 企业是否建立组织机构，组织机构是否与生产的化妆品品种、数量和生产许可项目相适应； 2. 企业是否对质量管理、生产等部门职责权限作出书面规定； 3. 企业是否配备与其生产的化妆品品种、数量和生产许可项目等相适应的管理人员、操作人员和检验人员；配备的人员是否满足相应的任职条件。	1. 组织架构图； 2. 各部门职责权限描述文件； 3. 配备与生产的化妆品品种、数量和生产许可项目等相适应的技术人员和检验人员证明文件（如人员花名册、培训经历等资料）。
2	第四条第二款	企业的质量管理部门应当独立设置，履行质量保证和控制职责，参与所有与质量管理有关的活动。	1. 企业是否独立设置质量管理部门且配备相应办公场所及专职人员； 2. 企业是否明确质量管理部门岗位职责和权限，并规定参与质量管理活动的内容； 3. 质量管理部门是否按照其职责范围履行质量管理职责。	1. 质量管理部门岗位的职责和权限描述等文件； 2. 质量管理部门的设施设备； 3. 质量管理部门的人员花名册； 4. 质量管理部门履职尽责的质量管理记录（如在相关生产记录或质量相关的记录上有审核、签字等）。

序号	条款	《化妆品生产质量管理规范》条款内容	检查要点	证据类型
3	第五条	企业应当建立化妆品质量安全责任制，明确企业法定代表人（或者主要负责人，下同）、质量安全负责人、质量管理部门负责人、生产部门负责人以及其他化妆品质量安全相关岗位的职责，各岗位人员应当按照岗位职责要求，逐级履行相应的化妆品质量安全责任。	1. 企业是否建立化妆品质量安全责任制；是否书面规定企业法定代表人、质量安全负责人、质量管理部门负责人、生产部门负责人以及其他化妆品质量安全相关岗位的职责； 2. 企业各岗位人员是否按照其岗位职责的要求逐级履行质量安全责任。	1. 化妆品质量安全责任制度； 2. 法定代表人、质量安全负责人、质量管理部门负责人、生产部门负责人以及其他化妆品质量安全相关岗位职责的书面描述文件； 3. 履行质量安全责任的相关记录。
4	第六条	法定代表人对化妆品质量安全工作全面负责，应当负责提供必要的资源，合理制定并组织实施质量方针，确保实现质量目标。	1. 企业是否书面明确规定法定代表人全面负责化妆品质量安全工作； 2. 法定代表人是否为化妆品生产和质量安全工作提供与生产化妆品品种、数量和生产许可项目相适应的资源，是否组织制定企业的质量方针和质量目标，是否组织对质量目标的实现进行定期考核和分析。	1. 营业执照； 2. 法定代表人的身份证明； 3. 法定代表人的岗位职责描述文件； 4. 质量方针和质量目标文件； 5. 质量目标的定期考核、分析材料。
5*	第七条第一款	企业应当设质量安全负责人，质量安全负责人应当具备化妆品、化学、化工、生物、医学、药学、食品、公共卫生或者法学等化妆品质量安全相关专业知识，熟悉相关法律法规、强制性国家标准、技术规范，并具有5年以上化妆品生产或者质量管理经验。	1. 企业是否设有质量安全负责人； 2. 质量安全负责人是否具备化妆品、化学、化工、生物、医学、药学、食品、公共卫生或者法学等专业教育或培训背景，是否具备化妆品质量安全相关专业知识，是否熟悉相关法律法规、强制性国家标准、技术规范； 3. 质量安全负责人是否具有5年以上化妆品生产或者质量管理经验。	1. 人员花名册、质量安全负责人的岗位职责描述文件； 2. 质量安全负责人档案（如教育证明、培训证明、简历及工作证明文件）； 3. 质量安全负责人履职的相关记录。

序号	条款	《化妆品生产质量管理规范》条款内容	检查要点	证据类型
6*	第七条第二款	质量安全负责人应当协助法定代表人承担下列相应的产品质量安全管理和产品放行职责：（一）建立并组织实施本企业质量管理体系，落实质量安全管理责任，定期向法定代表人报告质量管理体系运行情况；（二）产品质量安全问题的决策及有关文件的签发；（三）产品安全评估报告、配方、生产工艺、物料供应商、产品标签等的审核管理，以及化妆品注册、备案资料的审核（受托生产企业除外）；（四）物料放行管理和产品放行；（五）化妆品不良反应监测管理。	1. 质量安全负责人是否建立并组织实施本企业质量管理体系，落实质量安全管理责任，并定期以书面报告形式向法定代表人报告质量管理体系运行情况；2. 质量安全负责人是否负责产品质量安全问题的决策及有关文件的签发；3. 质量安全负责人是否组织制定产品安全评估报告、配方、生产工艺、物料供应商、产品标签等的审核管理程序，并履行审核管理职责；4. 质量安全负责人是否履行对化妆品注册、备案资料审核的职责（受托生产企业除外）；5. 质量安全负责人是否根据质量管理体系要求，履行物料放行管理和产品放行职责；6. 质量安全负责人是否履行化妆品不良反应监测管理职责。	1. 质量管理体系文件；2. 质量管理体系运行情况报告；3. 法定代表人接受质量管理体系运行情况报告记录；4. 质量安全负责人与要点一致的履职记录。
7	第七条第三款	质量安全负责人应当独立履行职责，不受企业其他人员的干扰。根据企业质量管理体系运行需要，经法定代表人书面同意，质量安全负责人可以指定本企业的其他人员协助履行上述职责中除（一）（二）外的其他职责。被指定人员应当具备相应资质和履职能力，且其协助履行上述职责的时间、具体事项等应当如实记录，	1. 质量安全负责人是否按照质量安全责任制独立履行职责，在产品质量安全管理和产品放行中不受企业其他人员的干扰；2. 质量安全负责人指定本企业的其他人员协助履行其职责的，指定协助履行的职责是否为《化妆品生产质量管理规范》第七条第二款（一）（二）项以外的职责；是否制定相应的指定协助履行职责管理程序并经法定代表人书面同意；3. 被指定人员是否具备相应的资质和履职能力；	1. 质量安全负责人独立履行职责，不受其他职能部门或人员的干扰的记录；2. 协助履职人员的职责描述文件；3. 协助履职管理程序及记录（包括时间、内容等）；4. 协助履职人员的授权书、职责说明、资质证明（如学历证书、工作经历、培训证明等）；

序号	条款	《化妆品生产质量管理规范》条款内容	检查要点	证据类型
7	第七条第三款	确保协助履行职责行为可追溯。质量安全负责人应当对协助履行职责情况进行监督，且其应当承担的法律责任并不转移给被指定人员。	4. 被指定人员在协助履职过程中是否执行相应的管理程序，并如实记录，保证履职的内容、时间、具体事项可追溯； 5. 质量安全负责人是否对协助履职情况进行监督。	5. 质量安全负责人对协助履职情况的监督记录。
8*	第八条	质量管理部门负责人应当具备化妆品、化学、化工、生物、医学、药学、食品、公共卫生或者法学等化妆品质量安全相关专业知识，熟悉相关法律法规、强制性国家标准、技术规范，并具有化妆品生产或者质量管理经验。质量管理部门负责人应当承担下列职责： （一）所有产品质量有关文件的审核； （二）组织与产品质量相关的变更、自查、不合格品管理、不良反应监测、召回等活动； （三）保证质量标准、检验方法和其他质量管理规程有效实施； （四）保证完成必要的验证工作，审核和批准验证方案和报告； （五）承担物料和产品的放行审核工作； （六）评价物料供应商；	1. 企业是否设有质量管理部门负责人； 2. 质量管理部门负责人是否具备化妆品、化学、化工、生物、医学、药学、食品、公共卫生或者法学等专业教育或培训背景，是否具备化妆品质量安全相关专业知识，是否熟悉相关法律法规、强制性国家标准、技术规范； 3. 质量管理部门负责人是否具有化妆品生产或质量管理经验； 4. 质量管理部门负责人是否承担所有产品质量有关文件（包括制度、程序、标准、记录、报告等）的审核管理； 5. 质量管理部门负责人是否根据质量管理体系要求，组织与产品质量相关的变更、自查、不合格品管理、不良反应监测、召回等活动； 6. 质量管理部门负责人是否监督保证质量标准、检验方法和其他质量管理规程有效实施； 7. 质量管理部门负责人是否组织实施主要生产工艺（包括生产工艺参数、工艺过程的关键控制点）等必要的验证工作，并审核和批准验证方案和报告；	1. 质量管理部门负责人的岗位职责描述文件； 2. 质量管理部门负责人档案（如教育证明、培训证明、简历及工作证明文件）； 3. 质量安全负责人、生产负责人档案； 4. 质量管理部门负责人与要点一致的履职相关记录； 5. 现场与质量管理部门负责人沟通，综合判断其履职能力。

序号	条款	《化妆品生产质量管理规范》条款内容	检查要点	证据类型
8*	第八条	（七）制定并实施生产质量管理相关的培训计划，保证员工经过与其岗位要求相适应的培训，并达到岗位职责的要求； （八）负责其他与产品质量有关的活动。 质量安全负责人、质量管理部门负责人不得兼任生产部门负责人。	8. 质量管理部门负责人是否承担物料和产品的放行审核工作，并保证审核工作可追溯； 9. 质量管理部门负责人是否根据物料供应商相关管理制度定期评价物料供应商； 10. 质量管理部门负责人是否根据企业实际情况制定生产质量管理相关的入职培训和年度培训计划，并根据培训计划实施培训及考核，以保证员工达到岗位职责的要求； 11. 质量管理部门负责人是否负责其他与产品质量有关的活动； 12. 质量安全负责人、质量管理部门负责人是否兼任生产部门负责人。	
9*	第九条	生产部门负责人应当具备化妆品、化学、化工、生物、医学、药学、食品、公共卫生或者法学等化妆品质量安全相关专业知识，熟悉相关法律法规、强制性国家标准、技术规范，并具有化妆品生产或者质量管理经验。生产部门负责人应当承担下列职责： （一）保证产品按照化妆品注册、备案资料载明的技术要求以及企业制定的生产工艺规程和岗位操作规程生产； （二）保证生产记录真实、完整、准确、可追溯；	1. 企业是否设有生产部门负责人； 2. 生产部门负责人是否具备化妆品、化学、化工、生物、医学、药学、食品、公共卫生或者法学等专业教育或培训背景，是否具备化妆品质量安全相关专业知识，是否熟悉相关法律法规、强制性国家标准、技术规范； 3. 生产部门负责人是否具有化妆品生产或者质量管理经验； 4. 生产部门负责人的职责是否包含本条款规定的职责内容； 5. 生产部门负责人是否根据相应的生产管理规程，保证产品按照化妆品注册、备案资料载明的技术要求以及企业制定的生产工艺规程和岗位操作规程生产；	1. 生产部门负责人档案（如教育证明、培训证明、简历及工作证明）； 2. 生产部门负责人岗位职责说明书； 3. 生产员工培训记录、考核记录； 4. 生产部门负责人与要点一致的履职记录； 5. 现场与生产负责人沟通，综合判断其履职能力。

续表

序号	条款	《化妆品生产质量管理规范》条款内容	检查要点	证据类型
9*	第九条	（三）保证生产环境、设施设备满足生产质量需要； （四）保证直接从事生产活动的员工经过培训，具备与其岗位要求相适应的知识和技能； （五）负责其他与产品生产有关的活动。	6. 生产部门负责人是否根据相应的生产管理规程，保证生产记录真实、完整、准确、可追溯； 7. 生产部门负责人是否根据相应的生产管理规程，保证生产环境、设施设备满足生产质量需要； 8. 生产部门负责人是否确认直接从事生产活动的员工培训内容，明确培训效果，保证其具备与岗位要求相适应的知识和技能； 9. 生产部门负责人是否负责其他与产品生产有关的活动。	
10	第十条	企业应当制定并实施从业人员入职培训和年度培训计划，确保员工熟悉岗位职责，具备履行岗位职责的法律知识、专业知识以及操作技能，考核合格后方可上岗。 企业应当建立员工培训档案，包括培训人员、时间、内容、方式及考核情况等。	1. 企业是否制定从业人员入职培训和年度培训计划；培训计划是否根据生产的化妆品品种、数量和生产许可项目合理设置法律知识、专业知识以及操作技能等内容； 2. 企业是否按照入职培训和年度培训计划对员工进行培训；培训效果是否经过考核； 3. 新入职员工或调岗员工是否经岗位知识、岗位职责和操作技能考核合格后上岗；员工是否具备相应履职能力； 4. 企业是否建立员工培训档案；培训档案是否包括培训人员、时间、内容、方式及考核情况等。	1. 培训制度； 2. 员工入职培训和年度培训计划； 3. 员工培训和考核档案，以及培训档案，包括培训人员、时间、内容、方式及考核情况等； 4. 新入职员工或调岗员工考核记录。

序号	条款	《化妆品生产质量管理规范》条款内容	检查要点	证据类型
11	第十一条第一款	企业应当建立并执行从业人员健康管理制度。直接从事化妆品生产活动的人员应当在上岗前接受健康检查，上岗后每年接受健康检查。患有国务院卫生主管部门规定的有碍化妆品质量安全疾病的人员不得直接从事化妆品生产活动。企业应当建立从业人员健康档案，至少保存3年。	1. 企业是否建立并执行从业人员健康管理制度； 2. 直接从事化妆品生产活动的人员是否在上岗前接受健康检查，是否在上岗后每年接受健康检查；直接从事化妆品生产活动的人员是否患有国务院卫生主管部门规定的有碍化妆品质量安全的疾病； 3. 企业是否建立从业人员健康档案；健康档案保存期限是否符合要求。	1. 人员健康管理制度； 2. 人员健康档案； 3. 患有痢疾、伤寒、病毒性肝炎、活动性肺结核、手部皮肤病（手癣、指甲癣、手部湿疹、发生于手部的银屑病或者鳞屑）和渗出性皮肤病等，不能直接从事化妆品生产活动； 4. 直接从事化妆品生产的人员（原则上应该包括化妆品生产、检验和仓库相关操作人员）的入职前体检报告及入职后每年的健康检查报告。
12	第十一条第二款	企业应当建立并执行进入生产车间卫生管理制度、外来人员管理制度，不得在生产车间、实验室内开展对产品质量安全有不利影响的活动。	1. 企业是否建立并执行进入生产车间卫生管理制度；进入生产车间卫生管理制度是否包括进入生产车间人员的清洁、消毒（必要时）、着装要求等内容；企业是否定期对工作服清洁消毒； 2. 企业是否制定外来人员管理制度；外来人员管理制度是否包括批准、登记、清洁、消毒（必要时）、着装以及安全指导等内容；企业是否对外来人员进行监督； 3. 企业是否在生产车间、实验室内开展对产品质量安全有不利影响的活动，是否带入或者放置与生产无关的个人用品或者其他与生产不相关的物品。	1. 生产车间卫生管理制度； 2. 工作服清洁消毒记录； 3. 外来人员管理制度及外来人员进出车间登记记录； 4. 直接从事化妆品生产的人员不得佩戴饰物、手表等，以及染指甲、留长指甲、化浓妆、喷洒香水等； 5. 不得将个人用品、食物或者其他与生产不相关的物品带入生产车间、实验室。

注："*"表示其他重点项目，"**"表示关键项目，后同。

第二节 机构与人员要点解读

一、总体变化

《化妆品生产质量管理规范检查要点及判定原则》（以下简称《检查要点及判定原则》）的"机构与人员"部分与原《化妆品生产许可检查要点》（以下简称《许可检查要点》）的"机构与人员"部分的区别主要有以下几个方面：

（一）检查要点总体变化情况

相较《许可检查要点》，从条款数的设立上来看，由原来的10项增加为12项（其中其他重点项目4项、一般项目8项），规定了建立质量安全责任制，明确了法定代表人、质量安全负责人、质量管理部门负责人、生产部门负责人的任职资格及职责，从业人员的培训考核，从业人员的健康管理及进入生产车间的管理制度，规定了机构与人员管理上的重点，更科学高效地帮助企业建立、实施和保持质量管理体系。

（二）提出质量安全责任制，细化法定代表人职责

一是首次明确提出企业应当建立化妆品质量安全责任制，明确企业法定代表人（或者主要负责人，下同）、质量安全负责人、质量管理部门负责人、生产部门负责人以及其他化妆品质量安全相关岗位的职责，各岗位人员应当按照岗位职责要求，逐级履行相应的化妆品质量安全责任。

二是细化了法定代表人的职责，规定法定代表人对化妆品质量安全工作全面负责，应当负责提供必要的资源，合理制定并组织实施质量方针，确保实现质量目标。国家药监局发布的《企业落实化妆品质量安全主体责任监督管理规定》第六条规定："企业法定代表人在委托本企业其他人员对企业进行全面管理的情况下，法定代表人可以委托上述被委托人代为履行化妆品质量安全全面管理工作。法定代表人应当与被委托人签订授权委托书，明确被委托人应当履行的质量管理职责并授予相应的权限，且其代为履行职责行为可追溯。法定代表人应当对被委托人代为履行职责情况进行监督。"

（三）赋予质量安全负责人更大的职责

质量安全负责人相比于质量负责人虽然仅仅增加了"安全"两个字，但凸显了政府的监管原则，把安全放在首位，同时也表明了质量安全负责人在质量管理中的重要作用，新增质量安全负责人应当独立履行职责，不受企业其他人员的干扰。经法定代表人书面同意，可以指定本企业人员协助履行部分职责（建立并组织实施本企业质量管理体系，定期向法定代表人报告质量管理体系运行情况，产品质量安全问题的决策及有关文件的签发除外），质量安全负责人应当对协助履行职责情况进行监督，且其应当承担的法律责任并不转移给被指定人员。

（四）细化培训人员要求，新增从业人员健康档案保存期限

规定了从业人员培训考核、建立员工培训档案的要求，细化了培训人员的要求，新入职的员工或调岗员工经岗位知识、岗位职责和操作技能考核合格后上岗。规定了企业应当建立健康管理制度，直接从事化妆品生产活动人员的要求，新增从业人员健康档案至少保存3年。其中直接从事化妆品生产活动的人员原则上（应该包括化妆品生产、检验和仓库相关操作人员）在入职前接受健康检查及入职后每年接受健康检查。有碍化妆品质量安全的疾病的范围包括：痢疾、伤寒、病毒性肝炎、活动性肺结核、手部皮肤病（手癣、指甲癣、手部湿疹、发生于手部的银屑病或者鳞屑）和渗出性皮肤病等。患有这些疾病的人员不能直接从事化妆品生产活动。

二、重点条款解读

（一）质量安全负责人的任职资格及职责变化方面

质量负责人和质量安全负责人为两个不同概念，两者在任职资格方面发生了以下变化：

一是《许可检查要点》中对质量负责人有学历的要求，即具有相关专业大专以上学历或相应技术职称，但没有细化到哪些专业是被认可的，且对于学历也有硬性的要求，使得行业内有多年质量管理经验但是达不到学历或相应技术职称的从业人员不能担任质量负责人的岗位。《检查要点及判定原则》

中对于质量安全负责人需具有的专业知识要求更加具体，但减少了对于学历的要求，即质量安全负责人应当具备化妆品、化学、化工、生物、医学、药学、食品、公共卫生或者法学等化妆品质量安全相关专业知识，熟悉相关法律法规、强制性国家标准、技术规范。

二是将生产质量管理经验由 3 年提高到 5 年。国家药监局综合司关于化妆品质量安全负责人有关问题的复函中指出："考虑到当前化妆品行业发展的迫切需要，对于'化妆品生产或者质量安全管理经验'的认定，应当符合法规立法原意和监管实际。鉴于药品、医疗器械、特殊食品等健康相关产品的生产或者质量安全管理的原则与化妆品生产或者质量安全管理的原则基本一致，在监管实践中，化妆品质量安全负责人在具备化妆品质量安全相关专业知识的前提下，其所具有的药品、医疗器械、特殊食品生产或者质量管理经验可以视为具有化妆品生产或者质量安全管理经验。"

质量安全负责人相较于质量负责人新增了以下职责：定期向法定代表人报告质量管理体系运行情况；产品质量安全问题的决策及有关文件的签发；产品安全评估报告、配方、生产工艺、物料供应商、产品标签等的审核管理，以及化妆品注册、备案资料的审核（受托生产企业除外）；物料放行管理和产品放行；化妆品不良反应监测管理。

（二）质量管理部门负责人的任职资格及职责变化方面

任职资格方面的变化。一是对于质量管理部门负责人的学历要求进行了松绑，细化了质量安全相关专业知识要求，不再对学历有硬性要求；二是删除了《许可检查要点》中化妆品生产相关质量管理经验年限的要求，具有化妆品生产或者质量管理经验即可。

职责方面的变化。一是增加了审核和批准验证方案和报告、所有产品质量有关文件的审核、制定并实施生产质量管理相关的培训计划，保证员工经过与其岗位要求相适应的培训，并达到岗位职责的要求的职责；二是由《许可检查要点》中规定负责产品的放行转变为承担物料和产品的放行审核工作。

（三）生产部门负责人的任职资格及职责变化方面

任职专业的变化。《检查要点及判定原则》明确了生产部门负责人应当具备的专业知识，即化妆品、化学、化工、生物、医学、药学、食品、公共卫生或者法学等化妆品质量安全相关专业知识，熟悉相关法律法规、强制性国家标准、技术规范，并具有化妆品生产或者质量管理经验，对生产部门负责人任职所需要的专业知识和经验作出具体的规定。《许可检查要点》中要求企业生产负责人应具有相应的生产知识和经验，对生产负责人所具备的专业知识并没有作要求。

职责方面的变化。《许可检查要点》要求企业生产负责人确保产品按照批准的工艺规程生产、储存；确保生产相关人员经过必要和持续的培训；确保生产环境、设施设备满足生产质量需求。《检查要点及判定原则》在原有职责的基础上增加了保证生产记录真实、完整、准确、可追溯；负责其他与产品生产有关的活动。

三、相关制度及记录示例

 示例 1

安全责任制度

1. 目的

落实质量安全责任制度，强化安全责任意识，保证质量安全责任制度的正确执行。确保履行职责行为可追溯。确保质量安全负责人的履职能力和履职情况符合要求。

2. 范围

适用于本公司落实质量安全责任行为及监督管理。

3. 职责

3.1　法定代表人：

批准质量安全责任制情况评估表；

督促质量安全负责人工作，确保质量安全负责人能够依法有效履职；

批准职责授权。

3.2　质量安全负责人：

协助法人组织落实本企业化妆品质量安全管理相关人员；

定期对本企业质量安全相关部门落实化妆品质量安全责任制情况进行评估，并将评估结果报告法定代表人。

3.3　质量安全相关的各部门负责人（财务部除外）：

对本部门的化妆品质量安全风险进行识别和判断，提出整改措施，并向质量安全负责人报告；

根据对本部门风险的识别，填写本部门质量安全责任制情况评估表。

3.4　授权人员：

指定协助履职的被授权人员；

对协助履职的情况进行监督。

3.5　被授权人员：

履行被授权的事宜；

记录履行的事宜。

4. 程序

4.1　各岗位人员要按照岗位职责要求，逐级履行相应的化妆品质量安全义务，落实化妆品质量安全主体责任。

4.2　作为受托生产企业，要对生产活动负责，接受委托方的监督。作为化妆品注册人、备案人委托生产的，应当对生产活动过程进行监督，对委托生产的产品质量安全负责。

4.3　法定代表人根据企业质量管理体系运行需要，可以委托本企业其他人员代为履行化妆品质量安全全面管理工作。法定代表人或者其委托的代为履行化妆品质量安全全面管理工作的被委托人，应当加强对化妆品质量安全管理和相关法律法规知识的学习，具备对化妆品质量安全重大问题作出正确决策的能力。法定代表人应当与被委托人签订授权委托书，明确被委托人应当履行的质量管理职责并授予其相应的权限。被委托人应当具备相应的履职能力，且其代为履行职责行为可追溯。法定代表人应当对被委托人代为履行职责情况进行监督，且其应当承担的法律责任并不转移给被委托人。

4.4　法定代表人要保障质量安全负责人依法开展化妆品质量安全管理工作，并督促企业质量安全相关部门配合质量安全负责人工作。在作出涉及化妆品质量安全的重大决策前，法定代表人应当充分听取质量安全负责人的意见和建议。

4.5　经考核评估，发现质量安全负责人未按照相关规定履行职责或者履职能力未达到岗位职责要求的，法定代表人应当立即采取督促质量安全负责人改进、更换质量安全负责人等措施，确保质量安全负责人能够依法有效履职。

4.6　每年12月，对相关部门及人员根据质量安全责任制情况评估表的内容进行一次考核。

4.7　质量安全负责人应当协助法定代表人承担下列相应的产品质量安全管理和产品放行职责：

4.7.1　按照质量安全责任制的要求，协助法定代表人组织领导企业质量安全管理相关人员依法履行质量安全管理职责。

4.7.2　组织实施本企业质量管理体系，落实质量安全管理责任，定期向法定代表人报告质量管理体系运行情况；

4.7.3　产品质量安全问题的决策及有关文件的签发；

4.7.4　产品安全评估报告、配方、生产工艺、物料供应商、产品标签等的审核管理，以及化妆品注册、备案资料的审核；

4.7.5　物料放行管理和产品放行；

4.7.6　化妆品不良反应监测管理；

4.7.7　委托方采购、提供物料的，物料供应商、物料放行的审核管理；

4.7.8　产品的上市放行；

4.7.9　受托生产企业遴选和生产活动的监督管理；

4.7.10　负责组织落实本企业化妆品质量安全责任制；

4.7.11　定期对本企业质量安全相关部门落实化妆品质量安全责任制情况进行评估，并将评估结果报告法定代表人。

根据企业质量管理体系运行需要，经法定代表人书面同意，质量安全负责人可以指定本企业的其他人员协助履行上述职责中除4.7.2和4.7.3外的其他职责。质量安全负责人应当对被委托人协助履行职责情况进行监督，且其应当承担的法律责任并不转移给被指定人员。

4.8　质量安全负责人应当独立履行职责，不受企业其他人员的干扰，不得兼任生产部门负责人等可能影响独立履行职责的工作岗位。

4.9　企业为质量安全负责人学习培训提供必要条件，确保质量安全负责人持续更新质量安全管理的专业知识和法律知识，提高履职能力。质量安全负责人每年相关学习培训不少于40学时。

4.10　协助履职：

4.10.1　被指定人员应当具备相应资质和履职能力，且其协助履行职责的时间、具体事项等应当如实记录，确保协助履行职责行为可追溯。授权人应当对被委托人协助履行职责情况进行监督，且其应当承担的法律责任并不转移给被指定人员。

4.10.2　指定被授权人员

被授权人员必须具备相应的资质和履职能力，包括但不限于：培训记录、工作经验、资质证书等。授权人员指定被授权人员后，授权书需经法定代表人书面批准，相关资质文件附后。

4.10.3 协助履职记录

授权人员在履职过程中，及时记录工作内容，以便抽查监督。记录内容至少包括：履职内容、时间、具体事项、结果等。

示例 ②

＿＿＿＿＿＿部质量安全责任制情况评估表

考核人：		考核时间：			
编号	考核内容	检查情况	是否符合（Y/N）	整改措施	备注
1					
2					
3					
4					
5					

质量安全负责人： 　　　　　　　　　　　法定代表人：

协助履职内容及监督记录

协助履职内容：				质量安全负责人（签字）：				
序号	履职日期	具体事项	结果	是否抽查（抽查的打√）	抽查日期	抽查结果（确认履职结果无误的，打√）	备注
1							
2							
……							

第三节　机构与人员常见问题解答

问 1： 质量安全负责人能否在不同的化妆品注册人、备案人、受托生产企业兼任？

答： 为保障化妆品质量安全，确保质量安全负责人依法落实产品质量安全管理和产品放行职责，按照"一证一人"的原则，申请两个以上（含两个）的化妆品生产许可，不得由同一个自然人担任上述企业的质量安全负责人；不同的化妆品注册人、备案人，不得由同一个自然人担任质量安全负责人。化妆品注册人、备案人与受托生产企业属于同一集团公司，执行同一质量管理体系，受托生产企业接受该注册人、备案人的委托生产化妆品时，该注册人、备案人与受托生产企业可以聘用同一个自然人担任质量安全负责人。

提示： 化妆品生产经营常见问题解答（一）。

问 2： 对质量安全负责人的培训和考核有什么要求？

答： 企业应当建立对质量安全负责人的考核制度，定期对质量安全负责人的履职能力和履行职责情况开展考核评估。经考核评估，发现质量安全负责人未按照相关规定履行职责或者履职能力未达到岗位职责要求的，法定代表人应当立即采取督促质量安全负责人改进、更换质量安全负责人等措施，确保质量安全负责人能够依法有效履职。
质量安全负责人每年相关学习培训不少于 40 学时。

提示：《企业落实化妆品质量安全主体责任监督管理规定》第二十一条、第二十二条。

问 3： 企业质量安全负责人应当具备哪些履职能力？

答： （一）专业知识应用能力。具备满足履行岗位职责要求的化妆品质量安全相关专业知识，并能够在质量安全管理工作中应用；

（二）法律知识应用能力。熟悉化妆品相关的法律法规，能够保证企业质量安全管理工作符合法律法规规定；

（三）组织协调能力。具备组织落实本企业化妆品质量安全责任制的领导能力，能够有效组织协调企业涉及质量安全相关部门开展工作；

（四）风险研判能力。熟悉化妆品质量安全风险管理工作，能够对企业生产经营活动中可能产生的产品质量风险进行准确识别和判断，并提出解决对策；

（五）其他应当具备的化妆品质量安全管理能力。

提示：《企业落实化妆品质量安全主体责任监督管理规定》第十条。

问 4： **质量安全负责人是否可以授权他人协助履行职责？**

答： 质量安全负责人应当独立履行职责，不受企业其他人员的干扰。根据企业质量管理体系运行需要，经法定代表人书面同意，质量安全负责人可以指定本企业的其他人员协助履行上述职责中除《检查要点及判定原则》（实际生产版）第 6* 项（一）（二）外的其他职责。被指定人员应当具备相应资质和履职能力，且其协助履行上述职责的时间、具体事项等应当如实记录，确保协助履行职责行为可追溯。质量安全负责人应当对协助履行职责情况进行监督，且其应当承担的法律责任并不转移给被指定人员。

提示：《检查要点及判定原则》（实际生产版）第 7 项。

问 5： **质量安全负责人对本企业化妆品注册备案资料审核的重点是什么？**

答： 在产品注册或者备案（含首次申请注册或者提交备案、注册备案变更、注册延续）前，质量安全负责人应当对产品名称、产品配方、产品执行的标准、产品标签、产品检验报告、产品安全评估等注册或者备案资料以及功效宣称评价资料的合法性、真实性、科学性、完整性等进行审核；发现问题的，应当立即组织整改，在整改完成前不得提交产品注册申请或者进行备案。

普通化妆品在提交化妆品年度报告前，质量安全负责人应当组织对年度报告内容的真实性、准确性等进行审核；发现问题的，应当立即组织整改。

提示：《企业落实化妆品质量安全主体责任监督管理规定》第十六条。

问6：质量安全负责人、质量管理部门负责人是否可以兼任生产部门负责人？

答： 质量安全负责人按照化妆品质量安全责任制的要求协助化妆品注册人、备案人、受托生产企业法定代表人、主要负责人承担相应的产品质量安全管理和产品放行职责，质量管理部门负责人协助质量安全人履行职责，生产部门负责人确保产品按生产管理规程及技术要求进行生产，保证生产过程的可追溯性。为保证质量安全负责人、质量管理部门负责人与生产部门负责人独立履行职责，确保产品质量安全，质量安全负责人、质量管理部门负责人不得兼任生产部门负责人。

提示：《检查要点及判定原则》（实际生产版）第7项、第8*项、第9*项。

问7：质量安全负责人和质量管理部门负责人在物料和产品放行中的职责有何不同？

答： 质量安全负责人负责物料放行管理和产品放行，质量管理部门负责人承担物料和产品的放行审核工作。

质量安全负责人应当制定物料和产品的放行程序及放行标准，一般由质量管理部门人员执行具体放行工作，放行结果由质量管理部门负责人审核，产品的放行还需经质量安全负责人批准。

提示：《检查要点及判定原则》（实际生产版）第6*项、第8*项。

问8：质量安全负责人发生变化该如何操作？

答：《办法》第十九条第二款规定："质量安全负责人、预留的联系方式等发生变化的，化妆品生产企业应当在变化后10个工作日内向原发证的药品监督管理部门报告。"违反本办法第十九条第二款，质量安全负责人、预留的联系方式发生变化，未按规定报告的，由原发证的药品监督管理部门责令改正；拒不改正的，给予警告，并处5000元以下罚款。

提示：《办法》第十九条。

问9： 员工上岗前培训有何要求？

答： 企业应当制定并实施从业人员入职培训和年度培训计划，确保员工熟悉岗位职责，具备履行岗位职责的法律知识、专业知识以及操作技能，考核合格后方可上岗。

企业应当建立员工培训档案，包括培训人员、时间、内容、方式及考核情况等。对于调岗人员，为"确保员工熟悉岗位职责，具备履行岗位职责的法律知识、专业知识以及操作技能"，调岗人员上岗前，仍应根据岗位特点进行岗前培训。

提示：《检查要点及判定原则》（实际生产版）第10项。

问10： 直接从事化妆品生产活动的人员包括哪些？

答： 直接从事化妆品生产活动的人员原则上应当包括从事产品生产、检验和仓库相关操作人员等。具体而言，指生产过程中各工序的操作人员，物料及产品检验、验收、贮存、运输等直接与化妆品接触的人员。

提示：《检查要点及判定原则》（实际生产版）第11项。

问11： 员工是否可以在生产区域饮水、存放个人物品？

答： 根据《化妆品生产质量管理规范》第十一条第二款"不得在生产车间、实验室内开展对产品质量安全有不利影响的活动"的要求，为避免交叉污染，同时也为保障员工的个人健康，员工不得在生产车间、实验室内饮水、存放个人物品等。

提示：《检查要点及判定原则》（实际生产版）第12项。

问 12：法定代表人全面负责化妆品质量安全有何要求？

答：　　法定代表人对化妆品质量安全工作全面负责。企业应当建立化妆品质量安全责任制，书面规定企业法定代表人、质量安全负责人、质量管理部门负责人、生产部门负责人以及其他化妆品质量安全相关岗位的职责，明确规定法定代表人全面负责化妆品质量安全工作。

提示：《检查要点及判定原则》（实际生产版）第 3 项、第 4 项。

问 13：法定代表人是否可以委托本企业其他人员代为履行化妆品质量安全全面管理工作？

答：　　企业法定代表人在委托本企业其他人员对企业进行全面管理的情况下，可以委托上述被委托人代为履行化妆品质量安全全面管理工作。法定代表人应当与被委托人签订授权委托书，明确被委托人应当履行的质量管理职责并授予相应的权限，且其代为履行职责行为可追溯。法定代表人应当对被委托人代为履行职责情况进行监督。

提示：《企业落实化妆品质量安全主体责任监督管理规定》第六条。

第二章 质量保证与控制检查要求

第一节 质量保证与控制查证证据

序号	条款	《化妆品生产质量管理规范》条款内容	检查要点	证据类型
13	第十二条第一款	企业应当建立健全化妆品生产质量管理体系文件，包括质量方针、质量目标、质量管理制度、质量标准、产品配方、生产工艺规程、操作规程，以及法律法规要求的其他文件。	1. 企业建立的化妆品生产质量管理体系文件是否健全，是否包括质量方针、质量目标、质量管理制度、质量标准、产品配方、生产工艺规程、操作规程，以及法律法规要求的其他文件； 2. 企业是否制定能体现质量方向的质量方针，并向全员宣贯；质量目标是否有量化指标；质量管理制度是否适宜并可操作；质量标准是否涵盖物料和产品的质量要求；产品配方是否与化妆品注册、备案资料一致；操作规程是否涵盖关键岗位和关键仪器设备操作要求。	1. 质量方针； 2. 质量目标（有量化指标）； 3. 质量管理制度（可为独立文件，也可为其他制度中文件已包含的内容），包括但不限于下述制度： （1）培训管理制度； （2）人员健康管理制度； （3）外来人员管理制度； （4）文件管理制度； （5）记录管理制度； （6）追溯管理制度； （7）质量管理体系自查制度； （8）检验管理制度； （9）实验室管理制度； （10）留样管理制度； （11）生产车间清洁消毒管理制度； （12）虫鼠害控制管理制度； （13）设施设备管理制度； （14）水处理系统定期清洁、消毒、监测、维护制度；

续表

序号	条款	《化妆品生产质量管理规范》条款内容	检查要点	证据类型
13	第十二条第一款			（15）空气净化系统定期清洁、消毒、监测、维护制度； （16）物料供应商遴选制度； （17）物料审查制度； （18）物料进货查验记录制度； （19）放行管理制度； （20）生产管理制度； （21）工艺验证管理制度； （22）物料平衡管理制度； （23）不合格品管理制度； （24）标签管理制度； （25）销售与退货记录制度； （26）投诉与召回管理制度； （27）不良反应监测制度； （28）注册备案资料审核制度； （29）化妆品生产一致性审核制度； （30）质量安全负责人考核制度； 4. 物料及产品的质量标准。
14	第十二条第二款	企业应当建立并执行文件管理制度，保证化妆品生产质量管理体系文件的制定、审核、批准、发放、销毁等得到有效控制。	1. 企业是否建立文件管理制度；文件管理制度是否明确质量管理体系文件制定、审核、批准、发放、作废、销毁等的程序和格式； 2. 企业是否执行文件管理制度；文件是否受控、是否经审核批准、在使用处存放的是否为有效版本，外来文件是否及时更新，作废文件是否及时销毁等。	1. 文件管理制度； 2. 文件符合文件管理制度规定的制定、审核、批准、发放、作废、销毁等的程序和格式； 3. 文件应有签发且受控； 4. 文件包含编号及版本号，修订内容等； 5. 外来文件清单，如化妆品法律法规及时更新； 6. 文件发放回收记录； 7. 作废文件的标识及销毁记录。

序号	条款	《化妆品生产质量管理规范》条款内容	检查要点	证据类型
15	第十三条第一款	与本规范有关的活动均应当形成记录。	企业是否对与化妆品生产质量管理规范有关的活动均形成了记录；是否包括人员培训、健康、卫生管理，环境监控，设施、设备、仪器的清洁、消毒、监测、使用、维护管理，供应商审核评价，物料采购、验收、贮存、使用等管理，产品生产、放行管理，不合格品管理，检验管理，留样管理，实验室管理，体系自查，销售、退货、投诉、召回、不良反应监测等活动记录。	相关记录包括但不限于： （1）人员培训记录； （2）健康管理记录； （3）卫生管理记录； （4）环境监控记录； （5）设施、设备、仪器的清洁、消毒、监测、使用、维护管理记录； （6）供应商审核评价记录； （7）物料采购记录； （8）物料验收记录； （9）物料贮存和使用记录； （10）产品生产记录； （11）产品放行记录； （12）不合格品管理记录； （13）检验记录； （14）留样记录； （15）实验室管理记录； （16）体系自查记录； （17）销售记录； （18）退货记录； （19）投诉记录； （20）召回记录； （21）不良反应监测记录。
16*	第十三条第二款	企业应当建立并执行记录管理制度。记录应当真实、完整、准确，清晰易辨，相互关联可追溯，不得随意更改，更正应当留痕并签注更正人姓名及日期。	1. 企业是否建立记录管理制度；记录管理制度是否明确记录的填写、保存、处置等程序和格式； 2. 企业是否执行记录管理制度，是否及时填写记录；记录是否真实、完整、准确，清晰易辨，相互关联可追溯；记录是否存在随意更改的情况；记录的更正是否符合要求。	1. 记录管理制度，制度包括记录的填写、保存、处置等程序和格式； 2. 批生产记录、现场查见的记录、培训记录等。

续表

序号	条款	《化妆品生产质量管理规范》条款内容	检查要点	证据类型
17	第十三条第三款	采用计算机（电子化）系统生成、保存记录或者数据的，应当符合本规范附1的要求。	企业采用计算机（电子化）系统生成、保存记录或者数据的，是否符合《化妆品生产质量管理规范》附1的要求。主要包括： 1. 采用电子记录的系统是否满足规定的功能要求； 2. 系统的有效性和安全性是否经过验证； 3. 系统是否具有保证数据安全性的有效措施，例如定期备份，防止病毒和非法入侵等； 4. 系统是否可以确保登录用户的唯一性与可追溯性； 5. 电子记录能否实现与纸质记录同等功能；系统生成和保存的数据或者信息是否真实、完整、准确、可追溯； 6. 系统是否建立有效的轨迹自动跟踪系统，能够对登录、编辑、修改、删除以及系统的设置、校准、修改、时间戳变更等操作进行自动跟踪，追溯操作者、操作时间和操作过程。	1. 电子记录系统与原有纸质记录具备同等功能； 2. 系统有效性和安全性的验证报告； 3. 系统数据定期备份； 4. 系统登录用户唯一、可追溯； 5. 系统登录、编辑、修改、删除以及系统的设置、校准、修改、时间戳变更等操作可追溯操作者、操作时间和操作过程。
18	第十三条第四款	记录应当标示清晰，存放有序，便于查阅。与产品追溯相关的记录，其保存期限不得少于产品使用期限届满后1年；产品使用期限不足1年的，记录保存期限不得少于2年。与产品追溯不相关的记录，其保存期限不得少于2年。记录保存期限另有规定的从其规定。	1. 所有记录是否标示清晰，存放有序，便于查阅； 2. 记录保存期限是否符合要求。	1. 记录标示及存放区域； 2. 记录管理制度及相关记录。

序号	条款	《化妆品生产质量管理规范》条款内容	检查要点	证据类型
19	第十四条	企业应当建立并执行追溯管理制度，对原料、内包材、半成品、成品制定明确的批号管理规则，与每批产品生产相关的所有记录应当相互关联，保证物料采购、产品生产、质量控制、贮存、销售和召回等全部活动可追溯。	1. 企业是否建立并执行追溯管理制度；是否明确规定批的定义以及原料、内包材、半成品、成品的批号管理规则； 2. 企业能否通过批号管理确保与每批产品生产相关的所有记录相互关联； 3. 企业能否保证物料采购、产品生产、质量控制、贮存、销售和召回等全部活动可追溯。	1. 追溯管理制度； 2. 原料、内包材、半成品、成品的批号管理规则； 3. 抽查产品的可追溯性记录。
20	第十五条第一款	企业应当建立并执行质量管理体系自查制度，包括自查时间、自查依据、相关部门和人员职责、自查程序、结果评估等内容。	1. 企业是否建立质量管理体系自查制度； 2. 质量管理体系自查制度是否包括自查时间、启动自查情形、自查依据、相关部门和人员职责、自查程序、结果评估等内容，是否对法规、规章中关于自查发现问题的评估、整改、停产、报告等程序作出具体规定。	1. 质量管理体系自查制度； 2. 质量管理体系自查制度包括自查时间、启动自查情形、自查依据、相关部门和人员职责、自查程序、结果评估等内容，对法规、规章中关于自查发现问题的评估、整改、停产、报告等程序作出具体规定。
21	第十五条第二款	自查实施前应当制定自查方案，自查完成后应当形成自查报告。自查报告应当包括发现的问题、产品质量安全评价、整改措施等。自查报告应当经质量安全负责人批准，报告法定代表人，并反馈企业相关部门。企业应当对整改情况进行跟踪评价。	1. 企业是否在实施质量管理体系自查前制定自查方案，是否在自查完成后形成自查报告； 2. 自查报告是否包括发现的问题、产品质量安全评价、整改措施等内容；自查报告是否经质量安全负责人批准，是否报告法定代表人，是否反馈企业相关部门； 3. 企业是否对整改情况进行跟踪评价。	1. 自查方案； 2. 自查报告； 3. 整改情况的跟踪评价记录。

序号	条款	《化妆品生产质量管理规范》条款内容	检查要点	证据类型
22*	第十五条第三款	企业应当每年对《化妆品生产质量管理规范》的执行情况进行自查。出现连续停产1年以上情况的，重新生产前应当进行自查，确认是否符合本规范要求；化妆品抽样检验结果不合格的，应当按规定及时开展自查并进行整改。	1. 企业是否每年对《化妆品生产质量管理规范》的执行情况进行自查；在发现生产条件不符合化妆品生产质量管理规范要求时，是否立即采取整改措施；在发现可能影响化妆品质量安全时，是否立即停止生产并向所在地省、自治区、直辖市药品监督管理部门报告； 2. 企业有连续停产1年以上的情形时，是否在重新生产前按规定开展全面自查，确认符合化妆品生产质量管理规范要求后再恢复生产；自查和整改情况是否在恢复生产之日起10个工作日内向所在地省、自治区、直辖市药品监督管理部门报告； 3. 企业在出现化妆品抽样检验结果不合格时，是否按照规定及时开展自查并进行整改。	1. 自查方案； 2. 自查报告； 3. 整改情况的跟踪评价记录。
23*	第十六条第一款	企业应当建立并执行检验管理制度，制定原料、内包材、半成品以及成品的质量控制要求，采用检验方式作为质量控制措施的，检验项目、检验方法和检验频次应当与化妆品注册、备案资料载明的技术要求一致。	1. 企业是否建立并执行检验管理制度；检验管理制度是否明确与检验相关的职责分工、程序、记录和报告要求等内容； 2. 企业是否制定原料、内包材、半成品以及成品的质量控制要求；质量控制要求是否符合强制性国家标准和技术规范；	1. 检验管理制度； 2. 原料、内包材的质量控制要求及质量控制措施； 3. 半成品的质量控制要求及质量控制措施； 4. 成品的质量控制要求及质量控制措施； 5. 原料、内包材、半成品、成品的质量控制记录； 6. 化妆品出厂检验标准及项目。

序号	条款	《化妆品生产质量管理规范》条款内容	检查要点	证据类型
23*	第十六条第一款		3. 企业采用非检验方式作为质量控制措施的，是否明确质量确认方式和要求；采用检验方式作为质量控制措施的，检验项目、检验方法和检验频次是否符合化妆品注册、备案资料载明的技术要求； 4. 企业是否明确规定化妆品出厂检验项目。	
24	第十六条第二款	企业应当明确检验或者确认方法、取样要求、样品管理要求、检验操作规程、检验过程管理要求以及检验异常结果处理要求等，检验或者确认的结果应当真实、完整、准确。	1. 企业是否对每种检验对象规定检验或者确认方法、取样要求、样品管理要求、检验操作规程、检验过程管理要求以及检验异常结果处理要求等； 2. 企业检验或者确认的结果是否真实、完整、准确；检验结果是否与检验原始记录保持一致。	1. 原料、内包材、半成品、成品的检验方法； 2. 检验的取样要求、样品管理要求、检验操作规程、检验过程管理要求； 3. 检验异常结果处理要求； 4. 检验原始记录。
25*	第十七条第一款	企业应当建立与生产的化妆品品种、数量和生产许可项目等相适应的实验室，至少具备菌落总数、霉菌和酵母菌总数等微生物检验项目的检验能力，并保证检测环境、检验人员以及检验设施、设备、仪器和试剂、培养基、标准品等满足检验需要。重金属、致病菌和产品执行的标准中规定的其他安全性风险物质，可以委托取得资质认定的检验检测机构进行检验。	1. 企业是否建立与生产的化妆品品种、数量和生产许可项目等相适应的实验室； 2. 企业是否具备菌落总数、霉菌和酵母菌总数等微生物检验项目的检验能力； 3. 实验室的检测环境、检验人员以及检验设施、设备、仪器和试剂、培养基、标准品等是否可以满足检验需要； 4. 企业委托检验检测机构检验重金属、致病菌和产品执行的标准中规定的其他安全性风险物质时，受托检验检测机构是否具有相应检验项目的资质和检验能力；委托检验协议或者相关文件是否明确了检验项目、检验依据、检验频次等要求。	1. 实验室仪器设备清单； 2. 微生物实验室环境检测报告； 3. 试剂、培养基、标准品等满足检验需要； 4. 存在委托检验时，受托检验检测机构的资质和检验能力证明资料，委托检验协议或者相关文件。

序号	条款	《化妆品生产质量管理规范》条款内容	检查要点	证据类型
26	第十七条第二款	企业应当建立并执行实验室管理制度，保证实验设备仪器正常运行，对实验室使用的试剂、培养基、标准品的配制、使用、报废和有效期实施管理，保证检验结果真实、完整、准确。	1. 企业是否建立并执行实验室管理制度；是否对设备、仪器和试剂、培养基、标准品的管理作出明确规定，保证检验结果真实、完整、准确； 2. 企业是否建立实验室设备、仪器清单；设备、仪器是否设置唯一编号并有明显的状态标识； 3. 企业是否按规定对实验室设备、仪器进行校准或者检定、使用、清洁、维护，保证实验室设备仪器正常运行； 4. 企业是否对实验室使用的试剂、培养基、标准品等的采购、贮存、配制、标识、使用、报废和有效期等实施有效管理。	1. 实验室管理制度； 2. 实验室设备、仪器清单； 3. 仪器、设备的校准或检定报告； 4. 仪器、设备的使用、清洁、维护记录； 5. 实验室使用的试剂、培养基、标准品等的采购记录和配制、使用记录； 6. 实验室使用的试剂、培养基、标准品的报废和有效期管理制度或记录。
27*	第十八条第一款、第二款、第三款	企业应当建立并执行留样管理制度。每批出厂的产品均应当留样，留样数量至少达到出厂检验需求量的2倍，并应当满足产品质量检验的要求。出厂的产品为成品的，留样应当保持原始销售包装。销售包装为套盒形式，该销售包装内含有多个化妆品且全部为最小销售单元的，如果已经对包装内的最小销售单元留样，可以不对该销售包装产品整体留样，但应当留存能够满足质量追溯需求的套盒外包装。出厂的产品为半成品的，留样应当密封且能够保证产品质量稳定，并有符合要求的标签信息，保证可追溯。	1. 企业是否建立并执行留样管理制度；留样管理制度是否明确产品留样程序、留存地点、留样数量、留样记录、保存期限和处理方法等内容； 2. 企业是否对出厂的半成品、成品逐批留样；留样数量是否符合规定； 3. 出厂的产品为成品的，留样的包装是否符合规定； 4. 出厂的产品为半成品的，留样是否密封并保证产品质量稳定；标签信息是否包括产品名称、企业名称、规格、贮存条件、使用期限等信息，保证可追溯。	1. 留样管理制度； 2. 出厂的半成品、成品的留样数量符合规定； 3. 留样包装及标签； 4. 留样标识清晰，分类明确。

续表

序号	条款	《化妆品生产质量管理规范》条款内容	检查要点	证据类型
28	第十八条第四款	企业应当依照相关法律法规的规定和标签标示的要求贮存留样的产品，并保存留样记录。留样保存期限不得少于产品使用期限届满后 6 个月。发现留样的产品在使用期限内变质的，企业应当及时分析原因，并依法召回已上市销售的该批次化妆品，主动消除安全风险。	1. 企业是否设置专门的留样区域；留样的贮存条件是否符合相关法律法规的规定和标签标示的要求； 2. 企业是否按规定保存留样记录，是否记录留样在使用期限内的质量情况；留样的保存期限是否不少于产品使用期限届满后 6 个月； 3. 企业是否依据留样管理制度对留样进行定期观察；发现留样的产品在使用期限内变质时，企业是否及时分析原因，并依法召回已上市销售的该批次化妆品，主动消除安全风险。	1. 留样区域及贮存条件； 2. 留样记录及留样定期观察记录； 3. 留样的保存期限； 4. 留样异常处理的记录。

第二节　质量保证与控制要点解读

一、总体变化

《检查要点及判定原则》的"质量保证与控制"部分与原《许可检查要点》的"质量管理"部分的区别主要有以下几个方面：

（一）检查要点总体变化情况

相较《许可检查要点》，从条款数的设立上来看，由原来的 24 项减少为 16 项（其中其他重点项目 5 项、一般项目 11 项），其中将"物料和产品放行""不合格品管理"部分划分至《检查要点及判定原则》物料与产品管理、生产过程管理部分，对质量管理体系制度文件、与规范所涉及活动相关的记录、实验室管理和留样管理提出了更加明确和细化的要求，更便于企业制定相关制度及落实执行。

（二）首次明确提出采用计算机（电子化）系统生产、保存记录或者数据的要求以及记录保存期限的要求

随着全球数字化智能时代的到来，越来越多的国内外化妆品企业进行了数字化升级与转型。数字化技术已成为助力企业把控供应链，缩短新品研发周期，提高产品品质，树立品牌形象，进一步扩大企业竞争力的重要手段。为保障数字化技术在化妆品生产过程中的规范性，在《检查要点及判定原则》中明确提出"采用计算机（电子化）系统生成、保存记录或者数据的，应当符合《化妆品生产质量管理规范》附1的要求"，通过明确电子记录的要求，规范指导企业进行生产过程的记录和追溯。与化妆品生产质量管理规范相关的活动均应形成记录，记录的保存尤为重要。《检查要点及判定原则》明确了各类记录的保存期限，记录是进行产品追溯的关键内容，在产品发生质量安全问题时，通过查阅批生产记录进一步查明原因。

（三）细化分类规定留样要求

《检查要点及判定原则》中分别对留样的包装形式、留样管理制度、留样区域、留样标示等作出细化的要求，并首次提出出厂产品为半成品的留样要求。做好产品的留样，既有助于企业跟踪产品质量稳定性，又能提升产品的可追溯性，是压实注册人、备案人质量安全主体责任的重要举措。

二、重点条款解读

（一）电子记录要求方面

记录是产品质量追溯的重要依据，通过详细记录生产过程中的各个环节，可以确保每一步操作都有迹可循，便于追溯。

1. 电子记录的概念

电子记录是指数据的输入、修改、处理和记录的生成、审批、保存、检索、查阅均在计算机系统内完成，可代替传统纸质记录的无纸化体现形式。电子系统生成并保存的记录应能随时以报表、报告等形式阅读并打印，具有与纸质记录同等的效力和功能，满足活动管理要求。对于电子记录和纸质记

录并存的情况，应当在操作规程和管理制度中明确规定作为基准的形式。

2. 电子记录的管理措施

企业在使用电子记录时，应注意做好以下管理措施：

制度保障：建立电子记录管理制度和系统操作规程。

系统验证：对电子系统的有效性和安全性进行验证并形成验证报告，电子记录的设计能与纸质记录一致，输入、输出、数据存储均能保证可靠；保证能对电子记录操作轨迹进行自动跟踪记录，定期抽查纸质记录与电子记录的一致性。

数据安全性：具备防病毒和非法入侵的防护措施，做好定期备份记录，形成电子系统用户清单，并对各级权限进行设置（如质量安全管理人员权限）。

数据可读性：系统应当能够显示电子记录的所有数据，生成的数据可以阅读并能够打印，方便后续查看和分析。

完整性要求：电子记录应当完整无缺，包括生产过程中的所有关键信息，如原料使用、生产工艺参数、生产设备状况等。

加强人员培训：计算机管理人员需要具备专业计算机知识和经过相关培训。

记录修改：如果电子记录需要修改，应当确保修改后的内容清晰可辨，并由修改人在修改文字附近签注姓名和日期，以保持记录的完整性和真实性。

（二）留样管理方面

留样管理是企业质量管理体系的重要组成部分。留样管理能够确保化妆品从生产到销售各个环节的质量安全可追溯。一旦产品出现质量问题，可以通过留样追溯到问题的源头，及时采取措施进行纠正，从而保障消费者的健康和安全。

1. 留样的分类

《检查要点及判定原则》中共提及三类留样，分别为关键原料留样、出厂的半成品留样、出厂的成品留样。半成品是指除填充或者灌装工序外，已完成其他全部生产加工工序的产品。《办法》第六十三条指出："配制、填充、灌装化妆品内容物，应当取得化妆品生产许可证。"明确提出进行配制的生产企业应当取得化妆品生产许可证，这是与之前法规相比新增的要求，因此留样管理方面也相应增加了出厂产品为半成品的留样要求。作为产品出厂的半成品通常没有销售包装，因此《检查要点及判定原则》要求这类留样应密封并保证产品质量稳定；留样标签应包括产品名称、企业名称、规格、贮存条件、使用期限等信息，保证可追溯。值得注意的是，半成品作为生产环节中重要的物料，按照《化妆品生产质量管理规范》要求，其贮存区域应与相应的灌装填充工序同一级别。作为出厂产品的半成品应结合其特性，选择能保障质量稳定的贮存条件。

2. 留样数量

留样数量一直是企业关心的问题，《许可检查要点》和《检查要点及判定原则》中规定留样数量至少达到出厂检验需求量的 2 倍，并应当满足产品质量检验的要求。为节约企业经营成本，综合考虑不同的产品类别、包装规格、成品状态等因素，国家药品监督管理局在政策解读中给出了留样数量的参考（详见本章第三节"问 15"）。

3. 留样包装要求

根据《化妆品生产质量管理规范》，留样应当保持原始销售包装，保持原始销售包装主要是为了保证产品的可追溯性，在已销售的产品出现质量安全问题或者被假冒等情况时，企业可用以自证产品的合法性和安全性。这里有两个例外，一是套装产品，二是小包装彩妆类产品。对于套装产品，由于其包含的单品可能也有单独销售的情况，所以为了减轻企业负担，法规规定，套装中已经注册备案、标签完整的单品如果已留样的，可以不再对套装产品整体留样，即单品已留样的，套装不用重复留样。但企业应当留存能够满足质量追溯需求的套盒外包装。对于小包装彩妆类产品，比如眉笔、眼影、睫毛膏等，在对产品进行检验时会消耗很多数量的产品，造成包装材料的浪费，因此，对于净含量低于 1 克的彩妆类产品，在留样时可以采取成品加半成品留样的方式。

三、相关企业示例

示例 ①

实验室计算机系统验证管理规程

1. 背景

包含验证目的、范围、职责、文件控制、风险评估小组成员名单、验证小组成员的培训。

2. 风险评估

包含风险的来源、评分规则和等级。

3. 验证内容

包含风险评估内容的验证、系统功能性验证、系统间数据传输、备份数据还原验证、系统压力测试、基础压力测试、基础设施安全性确认。

4. 结果记录

5. 偏差

6. 验证结论

7. 相关文件

8. 附件

示例②

×××计算机系统验证内容记录

1. 验证内容

1.1 风险评估内容的验证

风险	类　　型	验证方法	接受标准
系统功能性	系统模块功能异常，无法自主运行相关操作	逐一进入系统各模块，确认各模块实际功能与预设功能相符并达到预期	相关模块按验证操作可正常运行，并达到预期
	记录时间与系统时间不一致	单据以及工作流审批页面，操作记录里查看对应的系统操作时间，与北京时间比对	相关模块按验证操作可正常运行，并达到预期
	登录用户不唯一，不可追溯，用户权限未按设置的规则实现	子账户管理页面、角色管理页面，给员工创建账号，用此唯一账号登录；角色管理分配页面权限，用户登录系统后使用该角色查看对应的页面权限	相关模块按验证操作可正常运行，并达到预期
	系统无轨迹自动跟踪系统，无法对登录、修改、复制、打印等行为进行跟踪与查询	单据操作记录留痕，有对应操作人和操作时间；工作流审批中，记录审批人以及审批时间	相关模块按验证操作可正常运行，并达到预期
数据完整性	备份数据还原，导致数据遗漏、缺失、差错和重复	见1.4	相关模块按验证操作可正常运行，并达到预期
	基础信息维护，不能及时更新至系统中	新建物料信息，保存后就能在单据上选到该物料；员工角色权限配置，保存后对应权限变更完成，登录后只能查看所分配的权限	相关模块按验证操作可正常运行，并达到预期
	电子记录的所有数据不能完全显示，且生成的数据不可以阅读和打印	单据新建后查看，并可以将新建的所有数据导出或者打印。例：订单维护页面新建订单后，在我发出的订单页面查看	相关模块按验证操作可正常运行，并达到预期
数据安全性	突发状况，导致数据丢失或缺失	见1.4	相关模块按验证操作可正常运行，并达到预期

风险	类型	验证方法	接受标准
数据安全性	未进行定期备份	见1.4	相关模块按验证操作可正常运行，并达到预期
	未能有备份与删除的操作日志或后台信息记录，关键操作不能被记录	查阅备份策略	相关模块按验证操作可正常运行，并达到预期
	系统变更、升级或者退役，原系统数据未能进行查询和追溯	查阅备份策略	相关模块按验证操作可正常运行，并达到预期
	数据可被随意修改	系统权限设置，各岗位通过输入用户名和密码登录，在权限范围内进行查询、录入数据	相关模块按验证操作可正常运行，并达到预期

1.2 系统功能性验证

序号	模块	功能	验证方法	接受标准
1	×××	入库单	查看入库单中货品编码、数量与×××中信息是否相符（数量≥3）	相关模块按验证操作可正常运行，并达到预期
2		收货	查看收货中货品编码、数量与入库单中信息是否相符（数量≥3）	相关模块按验证操作可正常运行，并达到预期
3		入库箱	查看入库箱中货品编码、数量与×××中信息是否相符（数量≥3）	相关模块按验证操作可正常运行，并达到预期
……				

1.3 系统间数据传输

1.4 备份数据还原验证

操作方法：

存放：数据库服务器存放于阿里云服务器，并且启动自动备份服务；

备份：设置备份计划后，阿里服务自动进行数据库备份；

还原：启动备份计划后，选取需要还原时间节点后恢复目标数据库；

验证：登录还原数据库，检查数据完整性；

接受标准：备份前后数据信息一致。

1.5　系统压力测试

1.6　基础设施安全性确认

序号	评估项目	评估结果	接受标准	评估时间	评估人	复核人	验证结论
1	系统使用的网络基础设施是否具有防火墙		满足系统对防火墙的要求				□可接受　□让步接受 □不可接受
2	使用系统的电脑端是否安装杀毒软件		满足系统对杀毒软件的要求				□可接受　□让步接受 □不可接受
3	服务器的网络安全如何实现和保障		满足网络安全的要求				□可接受　□让步接受 □不可接受

2. 结果记录

2.1　风险评估内容的验证

风险	类　　型	验证项目	验证结果
系统功能性	系统模块功能异常，无法自主运行相关操作		□可接受　□让步接受 □不可接受
	记录时间与系统时间不一致		□可接受　□让步接受 □不可接受
	登录用户不唯一，不可追溯，用户权限未按设置的规则实现		□可接受　□让步接受 □不可接受
	系统无轨迹自动跟踪系统，无法对登录、修改、复制、打印等行为进行跟踪与查询		□可接受　□让步接受 □不可接受
数据完整性	备份数据还原，导致数据遗漏、缺失、差错和重复		□可接受　□让步接受 □不可接受
	基础信息维护，不能及时更新至系统中		□可接受　□让步接受 □不可接受
	电子记录的所有数据不能完全显示，且生成的数据不可以阅读和打印		□可接受　□让步接受 □不可接受

风险	类　型	验证项目	验证结果
数据 安全性	突发状况，导致数据丢失或缺失		□可接受　□让步接受 □不可接受
	未进行定期备份		□可接受　□让步接受 □不可接受
	未能有备份与删除的操作日志或后台信息记录，关键操作不能被记录		□可接受　□让步接受 □不可接受
	系统变更、升级或者退役，原系统数据未能进行查询和追溯		□可接受　□让步接受 □不可接受
	数据可被随意修改		□可接受　□让步接受 □不可接受
×××× 模块			□可接受　□让步接受 □不可接受

2.2　系统功能性验证

序号	模　块	功　能	验证项目	接受标准
1				□可接受　□让步接受 □不可接受

2.3　系统间数据传输

序号	模　块	功　能	接口编号	验证项目	接受标准
1	×××—××× 间传输				□可接受　□让步接受 □不可接受

2.4　备份数据还原验证

序号	测试项目	测试结果	测试时间	测试人	复核人	验证结论
1			20×× 年 ×× 月 ×× 日			□可接受　□让步接受 □不可接受

2.5　系统压力测试

2.6　基础设施安全性确认

3. 验证结论

3.1　验证过程汇总

序号	类　型	验证结论			备注
1	风险评估内容	□通过	□让步接受	□不可接受	
2	系统功能性	□通过	□让步接受	□不可接受	
3	系统间数据传输	□通过	□让步接受	□不可接受	
4	备份数据还原验证	□通过	□让步接受	□不可接受	
5	系统压力测试	□通过	□让步接受	□不可接受	
6	基础设施安全性确认	□通过	□让步接受	□不可接受	

3.2　验证结论及评价

	验证总体结论及评价
1	□所有验证项目均符合规定且验证结果可接受。
2	□部分验证项目未通过测试，但经过偏差修正和确认评估，验证结果可以接受。
3	□验证项目未通过测试，最终测试结果不可接受。
4	改进建议：
评价人（签名）：	日期：

第三节　质量保证与控制常见问题解答

问 1： **企业应如何进行制度文件及记录表单的有效管理？**

答： 企业应当建立并执行文件管理制度，保证化妆品生产质量管理体系文件的制定、审核、批准、发放、销毁等得到有效控制。文件应受控、经审核批准，在使用处存放的应为有效版本，外来文件应及时更新，作废文件及时销毁。

提示：《检查要点及判定原则》（实际生产版）第 14 项。

问 2： **记录写错是否可以更正，有何要求？**

答： 记录应当真实、完整、准确，清晰易辨，相互关联可追溯，不得随意更改，更正应当留痕并签注更正人姓名及日期。企业可根据管理情况，制定具体的记录更正规则，并对相关人员进行培训。

提示：《检查要点及判定原则》（实际生产版）第 16* 项。

问 3：　记录的保存期限有何要求？

答：　　企业应当建立并执行记录管理制度，记录管理制度中应明确记录的保存要求。根据记录是否与产品追溯相关，将其保存期限的要求分为如下两点：

与产品追溯相关的记录，其保存期限不得少于产品使用期限届满后 1 年；产品使用期限不足 1 年的，记录保存期限不得少于 2 年。

与产品追溯不相关的记录，其保存期限不得少于 2 年。记录保存期限另有规定的从其规定。

提示：《检查要点及判定原则》（实际生产版）第 16* 项、第 18 项。

问 4：　使用电子记录时，应注意哪些问题？

答：　　电子记录至少应当实现原有纸质记录的同等功能，满足活动管理要求。对于电子记录和纸质记录并存的情况，应当在操作规程和管理制度中明确规定作为基准的形式。

采用电子记录的系统应当满足以下功能要求：

（一）系统应当经过验证，确保记录时间与系统时间的一致性以及数据、信息的真实性、准确性；

（二）能够显示电子记录的所有数据，生成的数据可以阅读并能够打印；

（三）具有保证数据安全性的有效措施。系统生成的数据应当定期备份，数据的备份与删除应当有相应记录，系统变更、升级或者退役，应当采取措施保证原系统数据在规定的保存期限内能够进行查阅与追溯；

（四）确保登录用户的唯一性与可追溯性。规定用户登录权限，确保只有具有登录、修改、编辑权限的人员才可登录并操作。当采用电子签名时，应当符合《中华人民共和国电子签名法》的相关法规规定；

（五）系统应当建立有效的轨迹自动跟踪系统，能够对登录、修改、复制、打印等行为进行跟踪与查询；

（六）应当记录对系统操作的相关信息，至少包括操作者、操作时间、操作过程、操作原因，数据的产生、修改、删除、再处理、重新命名、转移，对系统的设置、配置、参数及时间戳的变更或者修改等内容。

提示：《化妆品生产质量管理规范》附1、《检查要点及判定原则》（实际生产版）第17项。

问5： 追溯管理制度制定的目的和原则是什么？

答： 追溯管理制度制定的目的和原则是保证物料采购、产品生产、质量控制、贮存、销售和召回等全部活动可追溯，企业应明确规定批的定义以及原料、内包材、半成品、成品的批号管理规则，能通过批号管理确保与每批产品生产相关的所有记录相互关联。

提示：《检查要点及判定原则》（实际生产版）第19项。

问6： 质量管理体系自查制度应包括哪些内容？

答： 质量管理体系自查制度应包括自查时间、启动自查情形、自查依据、相关部门和人员职责、自查程序、结果评估等内容，并对法规、规章中关于自查发现问题的评估、整改、停产、报告等程序作出具体规定。

提示：《检查要点及判定原则》（实际生产版）第20项。

问7： 企业应如何开展自查？

答： 与《许可检查要点》相比，《化妆品生产质量管理规范》明确了自查报告的审批流程，自查实施前应当制定自查方案，自查完成后应当形成自查报告。自查报告应当包括发现的问题、产品质量安全评价、整改措施等。自查报告应当经质量安全负责人批准，报告法定代表人，并反馈企业相关部门。企业应当对整改情况进行跟踪评价。

提示：《检查要点及判定原则》（实际生产版）第 21 项。

问 8：企业需要自查的情形有哪些？

答：企业自查可分为常规性自查以及特定情况下自查。常规性自查：每年对化妆品生产质量管理规范的执行情况进行自查。特定情况下自查：出现连续停产 1 年以上情况的，重新生产前应当进行自查，确认是否符合本规范要求；化妆品抽样检验结果不合格的，应当按规定及时开展自查并进行整改。

提示：《检查要点及判定原则》（实际生产版）第 22* 项。

问 9：企业进行自查的依据有哪些？

答：企业应依据自查原因和目的选择相应的自查依据，一般包括相关法律法规及企业自己制定的管理体系文件，如《化妆品生产质量管理规范》《检查要点及判定原则》等。

提示：《检查要点及判定原则》（实际生产版）第 20 项。

问 10：原料、内包材、半成品以及成品的质量控制措施有哪几种形式，具体有什么要求？

答：质量控制措施有检验和非检验两种形式，采用非检验方式作为质量控制措施的，应明确质量确认方式和要求；采用检验方式作为质量控制措施的，检验项目、检验方法和检验频次应符合化妆品注册、备案资料载明的技术要求。

提示：《检查要点及判定原则》（实际生产版）第 23* 项。

问 11：企业制定和执行检验管理制度时，应注意哪些问题？

答：检验管理制度需明确与检验相关的职责分工、程序、记录和报告要求等内容，对每种检验对象规定检验或者确认方法、取样要求、样品管理要求、检验操作规程、检验过程管理要求以及检验异常结果处理要求。

提示：《检查要点及判定原则》（实际生产版）第 23* 项、第 24 项。

问 12：哪些项目可以委托检验，对委托检验的机构有何要求？

答：　重金属、致病菌和产品执行的标准中规定的其他安全性风险物质，可以在检验检测机构进行检验，受托检验检测机构应具有相应检验项目的资质和检验能力。委托检验协议或者相关文件应明确检验项目、检验依据、检验频次等要求。

提示：《检查要点及判定原则》（实际生产版）第 25* 项。

问 13：化妆品生产企业的实验室至少应满足哪些要求？

答：　企业应当建立与生产的化妆品品种、数量和生产许可项目等相适应的实验室，至少具备菌落总数、霉菌和酵母菌总数等微生物检验项目的检验能力，并保证检测环境、检验人员以及检验设施、设备、仪器和试剂、培养基、标准品等满足检验需要。

提示：《检查要点及判定原则》（实际生产版）第 25* 项。

问 14：实验室的试剂、培养基等应如何管理？

答：　企业应对实验室使用的试剂、培养基、标准品等的采购、贮存、配制、标识、使用、报废和有效期等实施有效管理。

提示：《检查要点及判定原则》（实际生产版）第 26 项。

问 15：化妆品留样数量有何要求？

答：　每批出厂的产品均应当留样，留样数量至少达到出厂检验需求量的 2 倍，并应当满足产品质量检验的要求。此外，国家药品监督管理局在"化妆品监督管理常见问题解答（三）"中对不同类别的产品给出了留样数量参考量。

化妆品注册人、备案人产品留样数量参考表

序号	产品类别	留样数量参考量
1	染发类产品	≥3个包装且总量≥90 g 或 mL
2	祛斑／美白类产品	≥3个包装且总量≥50 g 或 mL
3	彩妆类产品	≥3个包装且总量≥60 g 或 mL
4	护肤类产品	≥3个包装且总量≥80 g 或 mL
5	防晒类产品	≥3个包装且总量≥50 g 或 mL
6	宣称祛痘类产品	≥3个包装且总量≥200 g 或 mL
7（1）	面膜类产品（面贴式）	单片独立包装产品：≥7贴且总量≥140 g 或 mL
		盒装产品：≥3盒（≥7贴）且总量≥140 g 或 mL
7（2）	面膜类产品（涂抹式）	≥3个包装且总量≥80 g 或 mL
8	洗发护发类产品	≥3个包装且总量≥50 g 或 mL
9	指（趾）甲油类产品	≥6个包装且总量≥30 g 或 mL
10	牙膏	≥3个包装且总量≥80 g 或 mL

注：彩妆类产品净含量低于1 g的，在成品留样的同时，可以结合其半成品对产品进行留样，留样应当满足产品质量检验的需求。

提示：《化妆品生产质量管理规范》第27*项、化妆品监督管理常见问题解答（三）。

问 16：留样的目的是什么？留样期间需要做什么？

答：　留样是为保证产品质量安全可追溯，同时在已销售的产品出现质量安全问题以及被假冒等情形时，便于查验每批次产品的合法性和安全性。企业应当依照相关法律法规的规定和标签标示的要求贮存留样的产品，并保存留样记录。企业应建立留样管理制度对留样进行定期观察，记录留样在使用期限内的质量情况。发现留样的产品在使用期限内变质时，企业应及时分析原因，并依法召回已上市销售的该批次化妆品，主动消除安全风险。

提示：《检查要点及判定原则》（实际生产版）第28项。

问 17：出厂的产品为成品的，留样应注意哪些?

答： 出厂的产品为成品的，留样应当保持原始销售包装。销售包装为套盒形式，该销售包装内含有多个化妆品且全部为最小销售单元的，如果已经对包装内的最小销售单元留样，可以不对该销售包装产品整体留样，但应当留存能够满足质量追溯需求的套盒外包装。

提示：《检查要点及判定原则》（实际生产版）第 27* 项。

问 18：出厂的产品为半成品的，留样应注意哪些?

答： 出厂的产品为半成品的，留样应当密封且能够保证产品质量稳定，并有符合要求的标签信息，标签信息包括产品名称、企业名称、规格、贮存条件、使用期限等信息，保证可追溯。

提示：《检查要点及判定原则》（实际生产版）第 27* 项。

问 19：留样的保存期限应满足什么要求?

答： 留样保存期限不得少于产品使用期限届满后 6 个月。

提示：《检查要点及判定原则》（实际生产版）第 28 项。

第三章 厂房设施与设备管理检查要求

第一节 厂房设施与设备管理查证证据

序号	条款	《化妆品生产质量管理规范》条款内容	检查要点	证据类型
29*	第十九条	企业应当具备与生产的化妆品品种、数量和生产许可项目等相适应的生产场地和设施设备。生产场地选址应当不受有毒、有害场所以及其他污染源的影响，建筑结构、生产车间和设施设备应当便于清洁、操作和维护。	1. 企业是否具备与生产的化妆品品种、数量和生产许可项目等相适应的生产场地和设施设备； 2. 生产场地周边是否有粉尘、有害气体、放射性物质、垃圾处理等扩散性污染源及有毒、有害场所；企业的建筑结构、生产车间和设施设备是否便于清洁、操作和维护。	1. 生产场地租赁协议、不动产证明等，能够证明生产场地具有合法使用权的相关资料； 2. 厂区总平面图和车间平面图。
30*	第二十条第一款	企业应当按照生产工艺流程及环境控制要求设置生产车间，不得擅自改变生产车间的功能区域划分。生产车间不得有污染源，物料、产品和人员流向应当合理，避免产生污染与交叉污染。	1. 企业是否按照生产工艺流程及环境控制要求设置生产车间，是否擅自改变更衣、缓冲、称量、配制、半成品贮存、填充与灌装、清洁容器与器具贮存、包装、贮存等功能区域划分； 2. 生产车间内是否有污染源；物料、产品和人员流向是否合理，是否存在导致物料、产品污染和交叉污染的情形。	1. 车间平面图； 2. 车间员工更衣要求。

续表

序号	条款	《化妆品生产质量管理规范》条款内容	检查要点	证据类型
31	第二十条第二款	生产车间更衣室应当配备衣柜、鞋柜，洁净区、准洁净区应当配备非手接触式洗手及消毒设施。企业应当根据生产环境控制需要设置二次更衣室。	1. 生产车间更衣室是否配备衣柜、鞋柜；洁净区、准洁净区是否配备与人员数量相匹配的非手接触式洗手及消毒设施； 2. 企业是否根据生产环境控制需要设置二次更衣室。	1. 车间平面图； 2. 生产车间洁净区、准洁净区洗手设施； 3. 生产车间更衣室衣柜、鞋柜配备情况。
32*	第二十一条第一款	企业应当按照产品工艺环境要求，在生产车间内划分洁净区、准洁净区、一般生产区，生产车间环境指标应当符合本规范附2的要求。不同洁净级别的区域应当物理隔离，并根据工艺质量保证要求，保持相应的压差。	1. 企业是否按照产品工艺环境要求划分生产区域；生产车间环境指标是否符合《化妆品生产质量管理规范》附2的要求； 2. 不同洁净级别的区域是否物理隔离，是否根据工艺质量保证要求，保持相应的压差。	1. 车间平面图，应注明不同区域（洁净区、准洁净区、一般生产区）； 2. 车间环境监控制度、计划及记录； 3. 第三方机构出具的车间环境检测报告。
33	第二十一条第二款	生产车间应当保持良好的通风和适宜的温度、湿度。根据生产工艺需要，洁净区应当采取净化和消毒措施，准洁净区应当采取消毒措施。企业应当制定洁净区和准洁净区环境监控计划，定期进行监控，每年按照化妆品生产车间环境要求对生产车间进行检测。	1. 生产车间是否保持良好的通风和适宜的温度、湿度；温度、湿度是否在规定的区间范围内； 2. 企业是否根据生产工艺需要，制定洁净区净化和消毒、准洁净区消毒管理制度，确保相关措施的有效实施；是否按制度执行并记录； 3. 企业是否制定洁净区和准洁净区环境监控计划，是否按照计划定期监控并记录；企业是否每年根据环境监控计划，按照化妆品生产车间环境要求对生产车间进行检测。	1. 车间平面图，应注明不同区域（洁净区、准洁净区、一般生产区）； 2. 车间环境监控制度、计划及记录； 3. 第三方机构出具的车间环境检测报告； 4. 车间温湿度监控制度、记录； 5. 车间清洁消毒制度、记录。

序号	条款	《化妆品生产质量管理规范》条款内容	检查要点	证据类型
34	第二十二条第一款	生产车间应当配备防止蚊蝇、昆虫、鼠和其他动物进入、孳生的设施，并有效监控。物料、产品等贮存区域应当配备合适的照明、通风、防鼠、防虫、防尘、防潮等设施，并依照物料和产品的特性配备温度、湿度调节及监控设施。	1. 生产车间是否配备防止蚊蝇、昆虫、鼠和其他动物进入、孳生的设施，是否有效监控并留存记录，是否定期分析存在的风险； 2. 物料、产品等贮存区域是否配备合适的照明、通风、防鼠、防虫、防尘、防潮等设施；企业是否制定相关管理制度，设置温度、湿度范围，是否依照物料和产品的特性配备温度、湿度调节及监控设施。	1. 虫鼠害等相关管理制度、控制记录； 2. 虫鼠害等设施分布图； 3. 第三方虫鼠害处理公司的相关资料、记录等（如有）； 4. 杀虫剂的相关安全资料、使用记录等。
35*	第二十二条第二款	生产车间等场所不得贮存、生产对化妆品质量安全有不利影响的物料、产品或者其他物品。	1. 生产车间等场所是否贮存对化妆品质量安全有不利影响的物料、产品或者其他物品； 2. 共用生产车间生产非化妆品的，是否使用化妆品禁用原料及其他对化妆品质量安全有不利影响的原料，并具有防止污染和交叉污染的相应措施；企业是否有风险分析报告，确保其不对化妆品质量安全产生不利影响。	1. 共用生产车间的风险分析报告； 2. 共用生产车间内，非化妆品产品的原料清单。
36*	第二十三条	易产生粉尘、不易清洁等的生产工序，应当在单独的生产操作区域完成，使用专用的生产设备，并采取相应的清洁措施，防止交叉污染。易产生粉尘和使用挥发性物质生产工序的操作区域应当配备有效的除尘或者排风设施。	1. 易产生粉尘、不易清洁等（散粉类、指甲油、香水等产品）的生产工序，是否设置单独生产操作区域，是否使用专用生产设备； 2. 染发类、烫发类、蜡基类等产品不易清洁的生产工序，是否设置单独生产操作区域或者物理隔断，是否使用专用生产设备；	1. 车间平面图，应注明不同生产工序的操作区域； 2. 易产生粉尘、不易清洁等的工序（如循环利用回风）避免交叉污染的管理措施等证明资料。

序号	条款	《化妆品生产质量管理规范》条款内容	检查要点	证据类型
36*	第二十三条		3. 易产生粉尘、不易清洁等的生产工序是否采取相应的清洁措施，防止交叉污染； 4. 易产生粉尘和使用挥发性物质的生产工序（如称量、筛选、粉碎、混合等）的操作区是否配备有效的除尘或者排风设施。	
37	第二十四条第一款	企业应当配备与生产的化妆品品种、数量、生产许可项目、生产工艺流程相适应的设备，与产品质量安全相关的设备应当设置唯一编号。管道的设计、安装应当避免死角、盲管或者受到污染，固定管道上应当清晰标示内容物的名称或者管道用途，并注明流向。	1. 企业是否配备与生产的化妆品品种、数量、生产许可项目、生产工艺流程相适应的设备； 2. 与产品质量安全相关的称量、配制、半成品贮存、填充与灌装、包装、产品检验等设备是否设置唯一编号； 3. 管道的设计、安装是否避免死角、盲管或者受到污染；固定管道上是否清晰标示内容物的名称或者管道用途，是否注明流向。	1. 设备信息一览表； 2. 设备编号规则。
38	第二十四条第二款	所有与原料、内包材、产品接触的设备、器具、管道等的材质应当满足使用要求，不得影响产品质量安全。	所有与原料、内包材、产品接触的设备、器具、管道等的材质是否满足使用要求，是否影响产品质量安全。	设备、管道等材质的证明性资料。
39	第二十五条第一款	企业应当建立并执行生产设备管理制度，包括生产设备的采购、安装、确认、使用、维护保养、清洁等要求，对关键衡器、量具、仪表和仪器定期进行检定或者校准。	1. 企业是否建立并执行生产设备管理制度；生产设备管理制度是否包括生产设备的采购、安装、确认、使用、维护保养、清洁等要求； 2. 企业是否制定关键衡器、量具、仪表和仪器检定或者校准计划，是否根据计划定期进行检定或者校准。	1. 设备选型评估报告； 2. 设备安装、确认、使用、维护保养、清洁等的制度、记录； 3. 仪器仪表等的周期校准／检定计划表； 4. 生产设备管理制度； 5. 仪器仪表等的周期校准／检定报告或相关证明资料。

序号	条款	《化妆品生产质量管理规范》条款内容	检查要点	证据类型
40	第二十五条第二款	企业应当建立并执行主要生产设备使用规程。设备状态标识、清洁消毒标识应当清晰。	1. 企业是否建立并执行主要生产设备使用操作规程；操作规程、操作记录是否符合要求； 2. 称量、配制、半成品贮存、填充与灌装、包装、产品检验等设备状态标识、清洁或者消毒标识是否清晰。	1. 设备清洁消毒制度、记录； 2. 设备使用规程； 3. 设备清洁消毒标识信息完整、清晰、正确； 4. 操作人员应了解生产设备操作、清洁消毒等相关要求。
41	第二十五条第三款	企业应当建立并执行生产设备、管道、容器、器具的清洁消毒操作规程。所选用的润滑剂、清洁剂、消毒剂不得对物料、产品或者设备、器具造成污染或者腐蚀。	1. 企业是否建立并执行生产设备、管道、容器、器具的清洁或者消毒操作规程；清洁或者消毒操作规程是否包括清洁消毒方法、清洁剂和消毒剂的名称与配制方法、清洁用水和清洁用具要求、清洁有效期限等内容；企业是否明确清洁或者消毒方法选择的依据； 2. 企业所使用的润滑剂、清洁剂、消毒剂是否对物料、产品或者设备、器具造成污染或者腐蚀。	1. 设备、管道、容器、器具等的清洁消毒制度、记录； 2. 设备清洁消毒标识信息完整、清晰、正确； 3. 操作人员应了解清洁消毒等相关要求。
42	第二十六条第一款	企业制水、水贮存及输送系统的设计、安装、运行、维护应当确保工艺用水达到质量标准要求。	企业制水、水贮存及输送系统的设计、安装、运行、维护是否可以确保工艺用水达到质量标准要求。	1. 水处理系统的维护保养制度、记录； 2. 水处理系统的运行记录； 3. 第三方检测机构出具的生产用水检测报告。
43	第二十六条第二款	企业应当建立并执行水处理系统定期清洁、消毒、监测、维护制度。	企业是否建立并执行水处理系统定期清洁、消毒、监测、维护制度，是否按照制度落实相应措施，并留存相关记录。	水处理系统的清洁、消毒、监测、维护制度、记录。

续表

序号	条款	《化妆品生产质量管理规范》条款内容	检查要点	证据类型
44	第二十七条第一款	企业空气净化系统的设计、安装、运行、维护应当确保生产车间达到环境要求。	企业空气净化系统的设计、安装、运行、维护是否可以确保生产车间达到环境要求；企业是否保留空气净化系统设计、安装相关图纸及运行、维护记录。	1. 空气净化系统竣工验收资料； 2. 空气净化系统的风管图。
45	第二十七条第二款	企业应当建立并执行空气净化系统定期清洁、消毒、监测、维护制度。	企业是否建立并执行空气净化系统定期清洁、消毒、监测、维护制度，是否按照制度落实相应措施，并留存相关记录。	空气净化系统的定期清洁、消毒、监测、维护制度、记录。

第二节 厂房设施与设备管理要点解读

一、总体变化

《检查要点及判定原则》的"厂房设施与设备管理"部分与原《许可检查要点》的"厂房与设施""设备"部分的区别主要有以下几个方面：

（一）检查要点总体变化情况

相较《许可检查要点》，从条款数的设立上来看，由原来的25项（含8个关键项目）浓缩为17项（含5个其他重点项目、12个一般项目），但是对厂房设施与设备方面的要求并未放宽，而是更加细化，便于企业和监管人员对照执行。防止交叉污染仍然是主导思想，同时根据目前行业中存在的实际情况，在《检查要点及判定原则》中增加了关于共用生产车间的相关要求，增加了建立空气净化系统的要求等内容。

（二）首次明确了共用生产车间生产非化妆品的要求

企业生产经营的多样化需求在不断增长，而共用生产车间可以使得化妆品和非化妆品的生产线共享资源，如设备、能源、人力等，从而提高资源利用效率，降低生产成本。当市场需求发生变化时，共用生产车间可以更快地调整生产线以适应新的生产需求，避免了单一生产线在市场需求波动时可能面临的产能过剩或产能不足的问题。但是，如何做到避免交叉污染，如何严格把控质量？《检查要点及判定原则》中明确指出，共用生产车间生产非化妆品的，不可使用化妆品禁用原料及其他对化妆品质量安全有不利影响的原料，并具有防止污染和交叉污染的相应措施；企业应有风险分析报告，确保其不对化妆品质量安全产生不利影响。这既是政策释放的红利，也是在提醒企业应重视对共线生产的情况做到质量可控，提高生产质量管理水平。

（三）细化了生产环境控制方面的要求

化妆品生产车间环境控制的重要性不言而喻，它会直接影响到化妆品产品的质量。化妆品是直接接触皮肤的产品，其生产车间环境的卫生状况会直接影响到产品的质量和安全性。一个干净、整洁、无污染的生产环境可以有效避免微生物、尘埃等污染物的侵入，从而确保产品的纯净度和稳定性。如果化妆品生产车间环境控制不当，可能会导致产品中含有细菌、病毒等有害物质，这些物质可能引发皮肤感染、过敏等不良反应，对消费者的健康造成威胁。因此，企业需要在车间内设置合适的通风、净化等相关设施设备，确保车间空气的流通和更新。通过严格的生产车间环境控制，可以保障消费者的健康权益；同时，企业可以确保自身的生产活动符合法规要求，避免因违反法规而面临处罚。总之，化妆品生产车间环境控制对于保障产品质量、守护消费者健康、提升企业形象以及符合法规要求等都具有重要意义。企业应该充分认识到这一点，并采取有效措施加强生产车间环境控制。

《检查要点及判定原则》中，一是将"清洁区""准清洁区"分别更名为"洁净区""准洁净区"；二是对环境洁净度有要求的工序，《许可检查要点》规定"生产眼部用护肤类、婴儿和儿童用护肤类化妆品的灌装间、清洁容器存储间应达到30万级洁净要求"；《检查要点及判定原则》（实际生产版）规定"生产车间环境指标应当符合《化妆品生产质量管理规范》附2的要求"。二者区别如下：洁净区生产的产品品种增加牙膏，生产工序增加半成品贮存、填充，环境参数控制指标增加浮游菌（浮游菌 ≤ 500 cfu/m³）；增加在准洁净区操作的产品类别、生产工序、环境参数控制指标要求；可在一般生产区操作的工序有包装、贮存等，对于一般生产区环境的要求为保持整洁。

二、重点条款解读

（一）共线生产

有工艺相同但类别不同的产品共线生产行为的，需提供确保产品安全的管理制度和风险分析报告。例如：一般液态单元和膏霜乳液单元共线生产的情形（上海药品监督管理局化妆品生产许可办事指南）。

共用生产车间生产非化妆品的，拟共线生产的产品不得使用化妆品禁用原料（企业需及时关注国家药监局关于禁用原料变化的信息），且所用原料和生产工艺过程不得对化妆品质量安全造成不利影响。

企业一方面应当对所用原料的合规性进行分析，包括是否为禁用原料、是否超限量使用、是否超范围使用等；另一方面应当对共用生产车间的风险进行分析，形成相应的管理制度并采取有效的措施，避免交叉污染。在风险评估中，需对工艺流程、车间布局、车间环境、设备分析分析控制，人员管理、车间物流、物料交叉影响等进行全方位评估，并提出相应的风险控制措施，如清洁消毒的方式方法等。

（二）车间环境控制

为了实现有效的生产车间环境控制，企业可以采取以下措施：

其一，建立严格的生产车间卫生管理制度，包括定期清洁、消毒、检查等环节，确保车间的卫生状况符合标准。

其二，对于眼部护肤类化妆品、儿童护肤类化妆品、牙膏这三类产品，其半成品贮存、填充、灌装、清洁容器与器具贮存的生产工序，应当在洁净区内生产，且洁净区的环境要求应当满足：悬浮粒子（$\geq 0.5\ \mu m$ 的粒子数 ≤ 10500000 个 $/m^3$，$\geq 5\ \mu m$ 的粒子数 ≤ 60000 个 $/m^3$），浮游菌 $\leq 500\ cfu/m^3$，沉降菌 $\leq 15\ cfu/30\ min$。静压差：相对于一般生产区 $\geq 10\ Pa$，相对于准洁净区 $\geq 5\ Pa$。

其三，企业配制、半成品贮存、填充、灌装等生产工序采用全封闭管道的，可以不设置半成品贮存区。

其四，准洁净区仅需控制空气中细菌菌落总数 $\leq 1000\ cfu/m^3$。

其五，一般生产区（包装、贮存）的环境仅需保持整洁。

其六，加强员工培训和意识提升：提高员工对生产车间环境控制重要性的认识，确保他们严格按照规定进行操作。

三、制度记录示例

示例 ①

车间环境管理程序

1. 目的

为了创造良好的工作环境，确保产品的安全生产，保证员工的安全、健康，提高工作效率，特制定本程序。

2. 适用范围

本程序适用于车间工作环境的管理。

3. 职责

3.1 生产职能部门负责生产车间工作环境的管理。

3.2 针对长假（时间 ≥ 5 天），生产基地全面停产前、复工前，质量部对生产车间区域进行卫生检查。

4. 内容

4.1 生产车间的环境管理：

4.1.1 清洁卫生：生产车间所有区域应保持清洁、卫生，地面无积水、无灰尘、无生产垃圾。并设立专人进行清洁，检查部门定时进行巡检，具体要求见《生产车间清洁管理规程》。

4.1.2 通道：生产车间所有通道均应保持通畅，并有通道留向标示，车间内人流、物流不交叉。

4.1.3 平面图：生产车间每个工作区域应有车间平面图，危险区域设有安全标示，有防滑、防电、防热等警示标示。

4.1.4 照明：生产车间的照明应满足生产要求。

4.1.5 温湿度：生产车间的洁净室及其缓冲区空气应根据生产工艺的需要经过净化处理，保持良好的通风，洁净区温度应控制在 18—26 ℃、相对湿度控制在 45%—65%，并在有生产时每天在 EAMic 系统上完成《温湿度记录表》的点检工作；准洁净区温度应控制在 18—35 ℃、相对湿度控制在 25%—75%，并在有生产时每天在 EAMic 系统上完成《温湿度记录表》的点检工作。生产车间洁净区包含二次更衣间、灌装车间、内包材储存间、洁净走廊、清洁容器与器具贮存、净桶间、半成品库。准洁净区包含称量间、配制间、缓冲间、一次更衣间。

4.1.6 空气洁净度及压差要求：生产车间半成品储存间、灌装间、清洁容器储存间洁净度至少需达到《化妆品生产质量管理规范》附 2 中的环境要求；洁净区与准洁净区的静压差应不小于 5 Pa，洁净区与一般生产区的静压差应不小于 10 Pa；粉车间与其他功能间须有负压，并每周在 EAMic 系统上完成《压差记录表》的点检工作。

4.1.7　如出现温湿度、压差、照度等不符合标准的情况，记录人员需提报至区域负责人和相关部门（生产技术部、物业管理部），采取纠偏措施，如调整系统温度设置、风量设置或开启除湿机、更换照明设施等，待问题解决后需记录解决后的温湿度、压差或照度等；如出现纯化水不合格、压缩空气不合格、温湿度和压差实施纠偏措施后仍不符合标准等过程异常的情况，需使用 ZL22 质量偏差提报流程提报，及时对产品进行隔离，通知质量部对产品进行评估或取样检测。

4.1.8　车间消毒：采用消毒处理的其他车间，应有机械通风或自然通风，并配备必要的消毒设施。其空气和物体表面消毒应采取安全、有效的方法，如采用紫外线消毒的，使用紫外线灯的辐照强度不得小于 $70 \ \mu W/cm^2$。

4.1.9　劳保：生产车间应有防止噪声产生的有效装置，在产生噪声的场所工作人员应有必要的防护设备。特殊作业岗位需有相应的劳保防护用品，具体参见《劳动防护用品（PPE）管理规程》。

4.1.10　垃圾分类：生产车间产生的垃圾定点存放，并由专人及时处理。

4.1.11　产品防护：生产车间的产品存放应有栈板保护，产品有明显标示，产品按要求堆垛不得过产品堆高要求，储存地保持适宜的温度和湿度。

4.1.12　人员：作业人员进入生产车间，必须佩戴岗位要求的工作服、工作鞋、口罩等，并保持清洁卫生，不得佩戴首饰、挂件等。人员进车间时对手部进行清洗、消毒。作业人员如有手部感染、呼吸系统疾病，不得从事直接接触产品的岗位，具体要求见《生产车间人员卫生管理规程》。

4.1.13 虫害：生产车间进入口需设置灭蝇灯，并定时检查清洗灭蝇灯，防止蝇虫进入生产作业区。

4.1.14 针对长假（时间≥5天），生产基地全面停产前，生产车间需要对各自区域进行彻底的清场及清洁消毒，确保生产车间及资材仓在全面停产前的状态符合清场、清洁消毒要求；生产基地复工前，生产车间需要对各自区域进行清洁消毒，确保生产车间及资材仓在复工前的状态符合清洁消毒的要求。停产前、复工前生产车间及资材仓库各区域的要求见相关文件，包括但不限于《配制清场操作规程》《灌包装清场操作规程》《清洗消毒管理程序》《配制设备清洗消毒操作规程》《灌装设备清洗消毒操作规程》《容器、管道、工器具的清洗消毒操作规程》《生产车间清洁消毒管理规程》《生产车间空气消毒管理规程》《生产前生产车间确认规程》及《供应链中心停产前重点质量工作点检清单》和《供应链中心复工前重点质量工作点检清单》等中的相关要求。质量部需对生产车间及资材仓各区域进行检查，确保生产车间及资材仓各区域停产前的状态符合清场、清洁消毒标准，生产车间及资材仓各区域复工前的状态符合清洁消毒标准。确认符合相关标准后方可停产、复工。具体的检查项目见各区域《供应链中心停产前重点质量工作点检清单》和《供应链中心复工前重点质量工作点检清单》。

5. 记录

示例 ②

温湿度记录表

年　　月

车间地点	日期	时间	温度	湿度	记录人	问题处理记录	解决时间	处理结果	记录人

注：1. 每天8:30—9:00、14:00—14:30各记录一次温湿度（休息日、节假日无须记录）。

2. 如出现温湿度超标的情况，记录人员需提报至区域负责人采取措施（如：调整温度设置、开启除湿机等）并记录，待问题解决后需记录解决后的温湿度。

3. 洁净区温度应控制在18—26℃、相对湿度控制在45%—65%。准洁净区温度应控制在18—35℃、相对湿度控制在25%—75%。生产车间洁净区包含二次更衣间、灌装车间、内包材储存间、洁净走廊、清洁容器与器具贮存、净桶间、半成品库。准洁净区包含称量间、配制间、缓冲间、一次更衣间。

第三节　厂房设施与设备管理常见问题解答

问 1：设备发生变化是否需要申请许可变更？

答：　可能影响产品质量安全的生产设施设备发生变化，化妆品生产企业应当在投入生产前向原发证的药品监督管理部门申请变更。

提示：《办法》第十八条。

问 2：厕所、浴室是否可以建在车间内部？

答：　生产车间不得有污染源，物料、产品和人员流向应当合理，避免产生污染与交叉污染。

提示：《检查要点及判定原则》（实际生产版）第30*项。

问 3： 企业在什么情况下可以不设置半成品贮存间？

答： 企业配制、半成品贮存、填充、灌装等生产工序采用全封闭管道的，可以不设置半成品贮存间。

提示：《化妆品生产质量管理规范》附 2。

问 4： 化妆品生产车间环境等级如何划分，有何要求？

答： 根据化妆品类别和生产工序，化妆品生产车间可分为洁净区、准洁净区、一般生产区。其中明确牙膏的半成品贮存、填充、灌装，清洁容器与器具贮存应达到洁净区要求，牙膏的称量、配制、缓冲、更衣应达到准洁净区要求。具体环境控制指标及参数详见《化妆品生产质量管理规范》附 2。

提示：《检查要点及判定原则》（实际生产版）第 32* 项、《化妆品生产质量管理规范》附 2。

问 5： 如何对化妆品生产车间的环境进行管理和日常监控？

答： 生产车间应当保持良好的通风和适宜的温度、湿度。根据生产工艺需要，洁净区应当采取净化和消毒措施，准洁净区应当采取消毒措施。企业应当制定洁净区和准洁净区环境监控计划，定期进行监控，每年按照化妆品生产车间环境要求对生产车间进行检测。

提示：《检查要点及判定原则》（实际生产版）第 33 项。

问 6： 宠物沐浴露，其所用的原料均收录于《已使用化妆品原料目录》，是否就可以在化妆品车间内生产？

答： 共用生产车间生产非化妆品的，不应使用化妆品禁用原料及其他对化妆品质量安全有不利影响的原料，并具有防止污染和交叉污染的相应措施；企业应形成风险分析报告，确保其不对化妆品质量安全产生不利影响。

提示：《检查要点及判定原则》（实际生产版）第 35* 项。

问 7： 哪些产品类别含易产生粉尘、不易清洁的生产工序?

答： 含易产生粉尘的生产工序产品，如粉单元产品；含不易清洁的生产工序，如染发类、烫发类及蜡基类产品。易产生粉尘、不易清洁等生产工序，应设置单独生产操作区域，并使用专用生产设备，采取相应的清洁措施，防止交叉污染。

含易产生粉尘和使用挥发性物质的生产工序（如称量、筛选、粉碎、混合等）的操作区应配备有效的除尘或者排风设施。

提示：《检查要点及判定原则》（实际生产版）第 36* 项。

问 8： 企业对水处理系统如何管理?

答： 企业应对制水、水贮存及输送系统的设计、安装、运行、维护等进行确认，确保工艺用水达到质量标准要求。企业需建立执行水处理系统定期清洁、消毒、监测、维护制度并落实相应措施，留存记录，记录的内容与制度规定的内容相符。

提示：《检查要点及判定原则》（实际生产版）第 42 项、第 43 项。

问 9： 企业对化妆品生产车间净化系统如何进行管理?

答： 企业空气净化系统的设计、安装、运行、维护应当确保生产车间达到环境要求。企业应保留空气净化系统设计、安装相关图纸及运行、维护记录，建立并执行空气净化系统定期清洁、消毒、监测、维护的制度，确保记录内容与制度规定的内容相符。

提示：《检查要点及判定原则》（实际生产版）第 44 项、第 45 项。

第四章 物料与产品管理检查要求

第一节 物料与产品管理查证证据

序号	条款	《化妆品生产质量管理规范》条款内容	检查要点	证据类型
46	第二十八条第一款	企业应当建立并执行物料供应商遴选制度，对物料供应商进行审核和评价。企业应当与物料供应商签订采购合同，并在合同中明确物料验收标准和双方质量责任。	1. 企业是否建立并执行物料供应商遴选制度；物料供应商遴选制度是否明确物料供应商的遴选、退出标准以及审核、评价程序； 2. 企业按照物料供应商遴选制度对物料供应商进行审核时是否留存相关资料； 3. 外购半成品的，其所购买半成品为境内生产的，是否留存半成品生产企业的化妆品生产许可证；其所购买半成品为境外生产的，是否留存半成品生产企业的质量管理体系或者生产质量管理规范的资质证书、文件等证明资料，证明资料是否由所在国（地区）政府主管部门、认证机构或者具有所在国（地区）认证认可资质的第三方出具或者认可，并载明生产企业名称和实际生产地址信息； 4. 企业是否定期或者在获知物料供应商生产条件发生重大变化时对物料供应商进行评价，是否按照评价结果采取相应措施，是否留存评价和处理记录； 5. 企业是否与物料供应商签订采购合同，是否在合同中明确物料验收标准和双方质量责任。	1. 供应商遴选制度； 2. 物料供应商进行审核/评价相关记录； 3. 物料供应商生产条件发生重大变化时，对物料供应商进行评价及处理的相关记录； 4. 企业与物料供应商签订的采购合同； 5. 外购境内半成品的生产企业的化妆品生产许可证； 6. 外购境外半成品的生产企业的质量管理体系或者生产质量管理规范的资质证书、文件等证明资料。

序号	条款	《化妆品生产质量管理规范》条款内容	检查要点	证据类型
47*	第二十八条第二款	企业应当根据审核评价的结果建立合格物料供应商名录，明确关键原料供应商，并对关键原料供应商进行重点审核，必要时应当进行现场审核。	1. 企业是否根据审核评价结果建立合格物料供应商名录；合格物料供应商名录是否包括物料供应商名称、地址和联系方式，以及物料名称、质量要求、生产企业名称等内容； 2. 企业是否明确关键原料供应商，是否对其进行重点审核，是否明确关键原料供应商需要进行现场审核的情形，并按照规定执行； 3. 企业是否及时对合格物料供应商档案信息进行更新，确保物料供应商档案处于最新状态。	1. 供应商档案（遴选、评价、资质）； 2. 合格物料供应商名录； 3. 合格供应商名录应包含物料供应商名称、地址和联系方式，以及物料名称、质量要求、生产企业名称等内容或其他可关联的信息表； 4. 关键原料制度，关键原料目录； 5. 关键原料供应商管理制度及名录，明确关键原料供应商需要进行现场审核情形； 6. 关键原料供应商进行重点审核的记录； 7. 合格物料供应商档案信息进行更新的记录。
48*	第二十九条第一款、第二款	企业应当建立并执行物料审查制度，建立原料、外购的半成品以及内包材清单，明确原料、外购的半成品成分，留存必要的原料、外购的半成品、内包材质量安全相关信息。 企业应当在物料采购前对原料、外购的半成品、内包材实施审查。	1. 企业是否建立并执行物料审查制度； 2. 企业是否建立原料、外购的半成品以及内包材清单，是否明确原料和外购的半成品成分，是否留存必要的原料、外购的半成品、内包材质量安全相关信息； 3. 企业是否在物料采购前对原料、外购的半成品、内包材实施审查。	1. 企业在物料采购前对原料、外购的半成品、内包材实施审查的记录； 2. 物料审查制度； 3. 原料、外购的半成品以及内包材清单； 4. 原料和外购的半成品成分信息文件； 5. 原料、外购的半成品、内包材质量安全相关信息，如分析证明、检测报告、安全技术说明书等； 6. 原料验收记录； 7. 原料标签标识。

续表

序号	条款	《化妆品生产质量管理规范》条款内容	检查要点	证据类型
49**	第二十九条第二款	不得使用禁用原料、未经注册或者备案的新原料，不得超出使用范围、限制条件使用限用原料，确保原料、外购的半成品、内包材符合法律法规、强制性国家标准、技术规范的要求。	1. 企业是否使用禁用原料、未经注册或备案的新原料； 2. 企业是否超出使用范围、限制条件使用限用原料； 3. 企业使用的原料、外购的半成品、内包材是否符合法律法规、强制性国家标准、技术规范的要求。	1. 物料清单； 2. 产品配方、生产工艺、物料供应商、产品标签审核记录。
50*	第三十条第一款	企业应当建立并执行物料进货查验记录制度，建立并执行物料验收规程，明确物料验收标准和验收方法。企业应当按照物料验收规程对到货物料检验或者确认，确保实际交付的物料与采购合同、送货票证一致，并达到物料质量要求。	1. 企业是否建立并执行物料进货查验记录制度； 2. 企业是否建立并执行物料验收规程，是否明确验收标准和验收方法；物料验收规程是否要求留存物料合格出厂证明文件、送货票证等；需要检验、检疫的进口原料是否要求留存相关证明； 3. 企业是否按照物料验收规程对到货物料检验或者确认；企业验收的物料是否与采购合同、送货票证一致，是否达到物料质量要求； 4. 物料标签标示的名称、数量、生产日期或者批号等信息是否与检验报告、实物、订单一致。	1. 物料进货查验记录制度； 2. 企业物料验收规程； 3. 物料合格出厂证明文件、送货票证等；需要检验、检疫的进口原料留存相关证明； 4. 到货物料的检验或者确认记录； 5. 物料采购合同、送货票证； 6. 物料质量要求； 7. 物料标签； 8. 物料进出台账。
51	第三十条第二款	企业应当对关键原料留样，并保存留样记录。留样的原料应当有标签，至少包括原料中文名称或者原料代码、生产企业名称、原料规格、贮存条件、使用期限等信息，保证可追溯。留样数量应当满足原料质量检验的要求。	1. 企业是否建立关键原料留样规则； 2. 企业是否建立关键原料目录；是否按规定对关键原料留样，并保存留样记录； 3. 留样标签是否符合规定，保证可追溯；留样数量是否满足原料质量检验的要求；留样是否密封并按规定条件贮存。	1. 关键原料留样规则； 2. 关键原料目录； 3. 关键原料留样及留样记录； 4. 关键原料留样标签； 5. 应确保留样数量满足原料质量检验的要求； 6. 留样场所及留样的贮存条件要求。

序号	条款	《化妆品生产质量管理规范》条款内容	检查要点	证据类型
52	第三十一条	物料和产品应当按规定的条件贮存，确保质量稳定。物料应当分类按批摆放，并明确标示。物料名称用代码标示的，应当制定代码对照表，原料代码应当明确对应的原料标准中文名称。	1. 物料是否按照规定的条件贮存，是否按照待检、合格、不合格等分批分类存放，并明确标示；企业是否标示物料名称（原料应当标识原料标准中文名称）或者代码、供应商名称或者代码、生产日期或者批号、使用期限、贮存条件等信息； 2. 产品是否按照规定的条件贮存，是否按照待检、合格、不合格等分批分类存放，并明确标示；是否标示产品名称、批号、使用期限、合格待检状态等信息； 3. 物料名称、供应商名称用代码标示的企业是否制定代码管理规程，是否制定物料、供应商名称代码对照表；原料代码是否明确对应的原料标准中文名称； 4. 企业是否如实记录物料和产品的库存数量和接收、发放、退回等变动情况。	1. 物料和产品存放、标识管理文件； 2. 物料及物料标识； 3. 代码管理规程； 4. 物料、供应商名称代码对照表； 5. 物料和产品出入库台账。
53	第三十二条第一款	企业应当建立并执行物料放行管理制度，确保物料放行后方可用于生产。	1. 企业是否建立并执行物料放行管理制度；是否明确物料批准放行的标准、职责划分等要求； 2. 用于生产的物料是否按照规定放行。	1. 物料放行管理制度； 2. 物料批准放行的标准、职责划分要求文件； 3. 物料放行记录。
54	第三十二条第二款	企业应当建立并执行不合格物料处理规程。超过使用期限的物料应当按照不合格品管理。	1. 企业是否建立并执行不合格物料处理规程； 2. 不合格物料是否有清晰标识，是否在专区存放；企业是否及时处理超过使用期限等的不合格物料。	1. 不合格物料处理规程； 2. 不合格物料标识； 3. 不合格物料处理记录。

续表

序号	条款	《化妆品生产质量管理规范》条款内容	检查要点	证据类型
55	第三十三条第一款	企业生产用水的水质和水量应当满足生产要求，水质至少达到生活饮用水卫生标准要求。生产用水为小型集中式供水或者分散式供水的，应当由取得资质认定的检验检测机构对生产用水进行检测，每年至少一次。	1. 企业生产用水的水量是否满足生产要求；水质是否达到生活饮用水卫生标准要求； 2. 生产用水为集中式供水的，企业是否可以提供生产用水来源证明资料；生产用水为小型集中式供水或者分散式供水的，企业是否能够提供每年由取得资质的检验检测机构对生产用水进行检测的报告。	1. 生产用水的水量满足生产需求量的相关证明（如评估资料）； 2. 生产用水来源资料或水质检测报告。
56*	第三十三条第二款	企业应当建立并执行工艺用水质量标准、工艺用水管理规程，对工艺用水水质定期监测，确保符合生产质量要求。	1. 企业是否根据产品质量要求制定工艺用水质量标准、工艺用水管理规程； 2. 企业是否按照工艺用水管理规程对工艺用水水质进行定期监测，确保符合生产质量要求。	1. 工艺用水管理规程； 2. 工艺用水质量标准； 3. 水质监测记录。
57*	第三十四条第一款	产品应当符合相关法律法规、强制性国家标准、技术规范和化妆品注册、备案资料载明的技术要求。	企业生产的产品是否符合相关法律法规、强制性国家标准、技术规范和化妆品注册、备案资料载明的技术要求。	1. 产品合规性评价制度； 2. 法规文件汇编； 3. 产品合规性评价记录； 4. 产品注册、备案资料载明的技术要求； 5. 产品检验记录和报告。
58*	第三十四条第二款	企业应当建立并执行标签管理制度，对产品标签进行审核确认，确保产品的标签符合相关法律法规、强制性国家标准、技术规范的要求。内包材上标注标签的生产工序应当在完成最后一道接触化妆品内容物生产工序的生产企业内完成。	1. 企业是否建立并执行标签管理制度；标签管理制度是否明确产品标签审核程序及职责划分，确保产品的标签符合相关法律法规、强制性国家标准、技术规范的要求； 2. 内包材上标注标签的生产工序是否在完成最后一道接触化妆品内容物生产工序的生产企业内完成。	1. 标签管理制度； 2. 标签审核记录； 3. 法规文件汇编； 4. 产品内外包材的标签。

续表

序号	条款	《化妆品生产质量管理规范》条款内容	检查要点	证据类型
59*	第三十四条第三款	产品销售包装上标注的使用期限不得擅自更改。	企业是否存在擅自更改产品使用期限的行为。	1. 产品使用期限管理制度； 2. 产品销售包装。

第二节　物料与产品管理要点解读

一、总体变化

《检查要点及判定原则》的"物料与产品管理"部分与原《许可检查要点》的"物料与产品"部分的区别主要有以下几个方面：

（一）检查要点总体变化情况

相较《许可检查要点》，从条款数的设立上来看，由原来的 16 项变为 14 项（其中关键项目 1 项、其他重点项目 7 项、一般项目 6 项），条款涵盖供应商遴选和管理、物料验收、物料和产品储存、物料放行和使用、生产用水要求以及产品和标签管理要求。总的来说，条款内容更加原则，在法规框架下企业的可操作性更强。

（二）首次提出关键原料概念

化妆品原料是化妆品质量和安全的基础。《检查要点及判定原则》中明确提出"企业应当根据审核评价的结果建立合格物料供应商名录，明确关键原料供应商，并对关键原料供应商进行重点审核，必要时应当进行现场审核"，"企业应当对关键原料留样"。这从法规层面对原料管理提出了更高的要求，督促企业更加精准地把握原料管理的重点。企业应基于风险管理的理念，按照风险等级对原料进行管理。

（三）首次明确外购半成品时，半成品生产企业资质要求

《办法》提出配制化妆品内容物，应当取得化妆品生产许可证，《检查要点及判定原则》分别对境内生产企业和境外生产企业的资质进行了规定；同时要求企业明确外购半成品成分，留存质量安全相关信息。这也是基于风险管理，契合国内化妆品产业以委托生产为主，存在较多外购半成品的实际，从法规层面提出的要求。

二、重点条款解读

（一）关键原料管理方面

科学、合理的关键原料管理，能够帮助企业以较低的管理成本，降低产品质量风险。

1. 关键原料的确定

企业应根据实际情况，确定本企业的关键原料管理范围，一般可遵循以下原则来确定，如对产品安全性有较大影响的原料（如外购的半成品等）、产品功效原料（如着色剂、防晒剂、祛斑美白剂等）、储存期内易变质的原料（如植物提取物等）、尚在安全监测期内的新原料。此外，企业应当按照本企业关键原料管理范围，建立关键原料目录，制定关键原料的留样规则，最好每批次进行留样，同时明确关键原料留样数量。

2. 关键原料供应商审核

企业应书面规定一般原料供应商和关键原料供应商审核内容，并体现对关键原料供应商进行重点审核，应书面明确关键原料供应商需要进行现场审核的情形。在对关键原料供应商进行现场审核时，应重点审核其生产条件（厂房设施、设备、人员）、生产能力、质量管理能力（质量体系、检验能力）。

（二）生产用水管理方面

生产用水是化妆品重要的生产要素，此外，水也是化妆品重要的原料，水的质量对化妆品质量安全影响较大。

1. 生产用水分类

生产用水分为工艺用水和非工艺用水。工艺用水指用来制造、加工产品以及与制造、加工工艺过程有关的用水。其中，一种为用作产品原料的水，如一般液态单元产品配方主要成分为水；另一种为生产过程中使用，但在后续工序中去除的水，如生产冻干粉时为保证原料混合均匀，先将部分原料在水中混合，然后在后续工艺中将水去除。非工艺用水指工艺用水之外的其他辅助用水，如环境、设备清洗用水等。

2. 生产用水的质量要求

生产用水至少应达到生活饮用水卫生标准要求。其中工艺用水的质量标准还应根据产品的质量特性和工艺要求而定，一般通过将饮用水进行离子交换、反渗透或其他方法或多种方法结合的方式制备。

3. 生产用水的监测

生产用水为集中式供水的，如市政自来水管道供水，企业可提供水源证明资料，可不要求每年由取得资质认定的检验检测机构对生产用水进行检测。生产用水为小型集中式供水或者分散式供水的，如自选水源，企业应当每年由取得资质认定的检验检测机构对生产用水进行检测。此外，企业还应制定工艺用水的管理规程，定期对工艺用水进行检测。

三、制度记录示例

示例 **1**

纯水系统取样与监控程序

1. 目的

建立3吨纯水系统取样与监控程序，并定期回顾纯水检测结果，确保纯水系统始终处于有效监控状态。

2. 范围

适用于公司整个纯水系统，包括纯水处理站、管路循环系统、储罐及各纯水使用点。

3. 定义

3.1　警戒限：当年警戒限设定为取上一年的平均值加上 2 倍的标准偏差（±2δ）或 60% 已知标准（法规参照性标准）中的低值。对于没有历史数据可参考或经过更改的区域，警戒限暂定为 60% 已知标准。

3.2　行动限：当年行动限设定为取上一年的平均值加上 3 倍的标准偏差（±3δ）或 80% 已知标准（法规参照性标准）中的低值。对于没有历史数据可参考或经过更改的区域，行动限暂定为 80% 的已知标准。

3.3　纯水：指满足药典中对纯水要求的水。

3.4　原水：指流入工厂并满足城市用水要求以用作工厂供水水源的水。

3.5　冲洗水：指用纯水冲洗后产生的水。

4. 职责

4.1　微生物专员负责微生物项目的取样和检测，包括取样容器的准备、样品标识等。理化专员负责理化项目的取样和检测。

4.2　实验室主管负责定期对纯水系统检测结果进行回顾，必要时组织相关部门进行偏差调查。

4.3　水系统停车时间如果超过 4 h，恢复运行时工程部需要第一时间通知实验室对水系统重新进行取样和监控。

5. 程序

5.1　纯水系统简易制造工艺流程：

原水→次氯酸钠投料装置→原水箱→多介质过滤器→软化过滤器→盐箱→5 微米保安过滤器→板式换热器→氢氧化钠投料装置→亚硫酸氢钠投料装置→板式换热器→RO 装置→EDI 装置→UV 灯装置→纯水箱→循环泵→UV 灯装置→板式换热器→使用点

5.2 纯水取样频率：

为保证水处理系统的有效运行，实验室按照本程序附件1《水系统理化取样点及取样频率》及附件2《水系统微生物取样点及取样频率》规定的频率进行定期监控。（根据纯水的日常监控结果和历年趋势分析情况，纯水的取样监控频率由每周全覆盖修改为每月全覆盖。）具体微生物水点取样时间见附件3。

5.3 纯水使用点及取样点示意图，参见取样点分布图。

5.4 纯水取样量：通常每次、每个取样点的取样量不少于350 mL，需满足实际测试用量。

5.5

水样分析项目、接受标准、分析方法及测试负责人理化项目

分析项目	适用的监控点	合格标准	分析方法	测试负责人
外观	××	××	××	××
颜色	××	××	××	××
总硬度	××	××	××	××
溶解性总固体	××	××	××	××
电导率	××	××	××	××
pH	××	××	××	××

微生物项目

分析项目	适用的监控点	合格标准	分析方法	测试负责人
菌落总数	××	××	××	××
霉菌与酵母菌总数	××	××	××	××
铜绿假单胞菌	××	××	××	××

附件1 《水系统理化取样点及取样频率》（略）

附件2 《水系统微生物取样点及取样频率》（略）

附件3 《水系统微生物水点取样时间》（略）

附件4 《取样点分布图》（略）

示例 2

水系统理化检测报告									
序号	位 置	取样点编号	外观／颜色	pH（25℃±1℃）	电导率（25℃±1℃）（μs/cm）	溶解性总固体（mg/L）	总硬度（mg/L）	检测结果	备注
1	3T 原水				/				
2	EDI 出水					/	/		
3	总出水					/	/		
4	总回水					/	/		
5	储罐进水（紫外灯后）					/	/		
6	总出水					/	/		
7	总回水					/	/		
8	新总出水（紫外灯后）					/	/		
9	总回水	1				/	/		
	技术要求		/	/		/	/	/	
检验人／日期：				复核人／日期：					

第三节　物料与产品管理常见问题解答

问 1：　委托方提供物料的，受托生产企业是否还需要对物料供应商进行审核评价？

答：　　委托方提供物料或委托方指定物料供应商的，委托方应对物料供应商的审核评价负责，受托生产企业应收集委托方对物料供应商的审核评价相关资料，并确认审核评价合格标准符合本企业要求；委托方指定物料供应商的，也可由受托生产企业组织对物料供应商进行审核评价。

提示：《检查要点及判定原则》（实际生产版）第 46 项。

问 2： 对于外购半成品，企业应保留半成品生产企业的哪些资料？

答： 半成品为境内生产的，企业应当留存半成品生产企业的化妆品生产许可证；半成品为境外生产的，企业应当留存半成品生产企业的质量管理体系或者生产质量管理规范的资质证书、文件等证明资料，并且证明资料应由所在国（地区）政府主管部门、认证机构或者具有所在国（地区）认证认可资质的第三方出具或者认可，并载明生产企业名称和实际生产地址信息。

提示： 《检查要点及判定原则》（实际生产版）第 46 项。

问 3： 如何判定关键原料？

答： 企业应当根据生产实际判定关键原料，可从对产品安全性存在较大影响的原料（如外购的半成品等）、产品功效原料（如着色剂、防晒剂、祛斑美白剂等）、储存期内易变质的原料（如植物提取物等）、尚在安全监测期内的新原料等方面考虑。

提示： 《检查要点及判定原则》（实际生产版）第 46 项、第 47* 项、第 51 项，《化妆品安全技术规范》。

问 4： 物料审查的重点是什么？

答： 物料审查的重点是对物料的合规性进行审查，包括建立物料清单，留存物料的质量安全相关信息，明确原料及外购半成品的成分（如组分及其含量），确保未使用禁用原料或未经注册或备案的新原料，未超出使用范围、限制条件使用限用原料。

提示： 《检查要点及判定原则》（实际生产版）第 48*、49** 项。

问 5： 进货查验时应注意什么？

答： 首先，企业应建立并执行进货查验记录制度以及物料验收规程，明确物料验收的方法、验收的标准，并且在制度中规定需要留存物料合格出厂证明文件、送货票据等，需要检验、检疫的进口原料留存相关证明。其次，应按照物料验收规程，对物料进行验收，确保实际交付的物料与采购合同、送货票证一致，达到物料质量要求，并形成记录。

提示：《检查要点及判定原则》（实际生产版）第 50* 项。

问 6：　企业是否需对原料进行留样？

答：　企业应当对关键原料留样，留样数量应当满足原料质量检验的要求，保存留样记录，并留存质量安全相关信息。对其他原料无强制的留样要求，但需留存质量安全相关信息。

提示：《检查要点及判定原则》（实际生产版）第 48* 项、第 51 项。

问 7：　生产化妆品的原料有何要求？

答：　生产化妆品不得使用禁用原料、未经注册或者备案的新原料；此外企业需确认生产化妆品的原料的使用范围、限制条件等符合《化妆品安全技术规范》以及原料技术标准等的要求。

提示：《检查要点及判定原则》（实际生产版）第 49** 项。

问 8：　物料存储有何要求？

答：　物料应按照规定的条件贮存，分批分类存放，并需设置货位卡，包含物料名称（原料应当标识原料标准中文名称）或者代码、供应商名称或者代码、生产日期或者批号、使用期限、贮存条件等信息。采用信息化系统管理的，可不设置纸质的货位卡，但电子信息码相关联的信息应包含上述内容。

提示：《检查要点及判定原则》（实际生产版）第 52 项。

问 9：　物料的名称和生产商是否可用代码表示，有何要求？

答：　出于企业保密及管理便利的需要，物料名称和生产商可以用代码标示。但是企业应当制定代码对照表，原料名称代码应当明确对应的原料标准中文名称，确保代码能如实关联到相应的原料和生产商信息。

提示：《检查要点及判定原则》（实际生产版）第 52 项。

问 10：物料和产品的待检、合格、不合格是否需要分功能间存放？

答： 为防止混淆和非预期使用，物料和产品的待检、合格、不合格应分批分类存放，并明确标示。无强制要求必须分功能间存放，但企业应根据实际厂房条件、生产布局、生产规模、物料转运便捷程度等来综合考虑、合理设计。

提示：《检查要点及判定原则》（实际生产版）第 52 项。

问 11：超过使用期限的物料，经确认合格后，是否可以继续使用？

答： 超过使用期限的物料应当按照不合格品管理。物料的有效期是物料生产商根据物料稳定性及其他特性确定的，化妆品生产企业不能使用超过使用期限的物料。

提示：《检查要点及判定原则》（实际生产版）第 54 项。

问 12：对生产用水水质有何要求？

答： 生产用水分为工艺用水和非工艺用水。企业生产用水的水质和水量应当满足生产要求，水质至少达到生活饮用水卫生标准要求。此外企业应当根据产品的质量特性和工艺要求建立并执行工艺用水质量标准、工艺用水管理规程，对工艺用水水质定期监测，确保符合生产质量要求。

提示：《检查要点及判定原则》（实际生产版）第 55 项、56* 项。

问 13：是否需要每年委托有资质的检验检测机构对生产用水进行检测？

答： 生产用水为集中式供水的，如市政自来水管道供水，企业可提供水源证明资料，可不要求每年由取得资质认定的检验检测机构对生产用水进行检测。生产用水为小型集中式供水或者分散式供水的，如自选水源，企业应当每年委托取得资质认定的检验检测机构对生产用水进行检测。

提示：《检查要点及判定原则》（实际生产版）第 55 项。

问 14：化妆品生产工艺、微生物或理化指标的质量控制措施与注册备案时不一致，应该怎么办？

答：　产品应当符合相关法律法规、强制性国家标准、技术规范和化妆品注册、备案资料载明的技术要求。企业生产工艺、质量控制措施应当与注册备案时产品执行的标准中产品生产工艺和质量控制措施一致。

根据《化妆品注册备案资料管理规定》的要求，产品执行的标准中生产工艺简述、微生物和理化指标及质量控制措施等发生变化的，应进行变更申请，待变更完成后，方可按照新的生产工艺或微生物和理化质量控制措施进行生产和质量控制。

提示：《检查要点及判定原则》（实际生产版）第 57* 项、第 61** 项，《化妆品注册备案资料管理规定》第四十三条。

问 15：如何正确理解"标注标签的生产工序，应当在完成最后一道接触化妆品内容物生产工序的化妆品生产企业内完成"？

答：　《化妆品生产经营监督管理办法》第六十三条规定，化妆品标注标签的生产工序，应当在完成最后一道接触化妆品内容物生产工序的化妆品生产企业内完成。该条款立法原意是禁止化妆品在完成产品标签标注前出厂，导致产品无法追溯。该条款中"化妆品标注标签的生产工序"，是指在接触化妆品内容物的包装材料上标注标签的生产工序。

提示：化妆品生产经营常见问题解答（一）。

问 16：标签审核的重点是什么？

答：　企业应当建立标签管理制度，明确标签审核程序、职责划分；标签的审核重点为标签的真实性、完整性、合法性，确保产品标签符合相关法律法规、强制性国家标准、技术规范的要求，标签审核确认应形成记录。

提示：《检查要点及判定原则》（实际生产版）第 58* 项。

第五章　生产过程管理检查要求

第一节　生产过程管理查证证据

序号	条款	《化妆品生产质量管理规范》条款内容	检查要点	证据类型
60	第三十五条	企业应当建立并执行与生产的化妆品品种、数量和生产许可项目等相适应的生产管理制度。	1. 企业是否建立并执行与化妆品生产品种、数量和生产许可项目相适应的生产管理制度，至少包括工艺和操作管理、生产指令管理、物料领用和查验管理、生产环境管理、生产设备管理、生产过程管理、生产记录管理、物料平衡管理、生产清场管理、退仓物料管理、不合格品管理、产品放行管理以及有关追溯管理等方面的制度； 2. 企业是否根据化妆品品种、数量和生产许可项目的变化动态完善相应制度，保证其在使用处为有效版本。	1. 生产管理制度应至少包括以下方面： （1）工艺和操作管理方面； （2）生产指令管理方面； （3）物料领用和查验管理方面； （4）生产环境管理方面； （5）生产设备管理方面； （6）生产过程管理方面； （7）生产记录管理方面； （8）物料平衡管理方面； （9）生产清场管理方面； （10）退仓物料管理方面； （11）不合格品管理方面； （12）产品放行管理方面； （13）有关追溯管理方面； 2. 生产质量相关的管理制度应为有效版本。

续表

序号	条款	《化妆品生产质量管理规范》条款内容	检查要点	证据类型
61**	第三十六条	企业应当按照化妆品注册、备案资料载明的技术要求建立并执行产品生产工艺规程和岗位操作规程，确保按照化妆品注册、备案资料载明的技术要求生产产品。企业应当明确生产工艺参数及工艺过程的关键控制点。	1. 企业是否建立并执行产品生产工艺规程和岗位操作规程； 2. 产品生产工艺规程是否符合对产品质量安全有实质性影响的技术性要求； 3. 企业生产工艺规程中是否明确生产工艺参数及工艺过程的关键控制点。	1. 产品生产工艺规程，且应明确生产工艺参数及工艺过程的关键控制点； 2. 岗位操作规程； 3. 产品注册或备案资料。
62*	第三十六条	主要生产工艺应当经过验证，确保能够持续稳定地生产出合格的产品。	1. 企业是否制定工艺验证管理规程；主要生产工艺是否经过验证；企业是否保存验证方案、记录及报告； 2. 当影响产品质量的主要工艺参数等发生改变时，企业是否进行再验证。	1. 工艺验证管理规程； 2. 产品的主要生产工艺验证方案、记录和报告； 3. 影响产品质量的主要工艺参数等发生改变时，开展的在验证方案、记录和报告。
63	第三十七条第一款	企业应当根据生产计划下达生产指令。生产指令应当包括产品名称、生产批号（或者与生产批号可关联的唯一标识符号）、产品配方、生产总量、生产时间等内容。	1. 企业是否制定规范化的生产计划，是否依据生产计划下达生产指令； 2. 生产指令是否包括产品名称、生产批号（或者与生产批号可关联的唯一标识符号）、产品配方、生产总量、生产时间等内容。	1. 生产计划； 2. 生产指令，应包括产品名称、生产批号（或者与生产批号可关联的唯一标识符号）、产品配方、生产总量、生产时间等内容。
64	第三十七条第二款	生产部门应当根据生产指令进行生产。领料人应当核对所领用物料的包装、标签信息等，填写领料单据。	1. 生产指令在实际生产过程中是否得到有效执行； 2. 企业是否制定生产领料操作规程；	1. 生产指令； 2. 生产记录； 3. 生产工艺规程； 4. 岗位操作规程； 5. 生产领料操作规程； 6. 生产领料记录。

序号	条款	《化妆品生产质量管理规范》条款内容	检查要点	证据类型
64	第三十七条第二款		3. 领料人是否按照生产指令中产品配方的要求逐一核对领取物料，是否完整填写领料单并保存相关记录，是否对所领用物料的包装、标签上的信息以及质量管理人员确认合格放行情况等进行核对。	
65	第三十八条第一款	企业应当在生产开始前对生产车间、设备、器具和物料进行确认，确保其符合生产要求。	1. 生产开始前，企业是否对生产车间环境、生产设备、周转容器状态和清洁（消毒）状态标识等进行确认，确保符合生产要求； 2. 生产待使用物料领用和确认记录是否符合生产指令的要求。	1. 生产开始前检查的相关制度； 2. 生产开始前检查记录； 3. 生产待使用物料领用和确认记录。
66	第三十八条第二款	企业在使用内包材前，应当按照清洁消毒操作规程进行清洁消毒，或者对其卫生符合性进行确认。	1. 内包材清洁消毒及其记录是否符合相应操作规程要求； 2. 对无需清洁消毒的清洁包装材料，抽查是否具有卫生符合性确认记录。	1. 内包材清洁消毒操作规程； 2. 内包材清洁消毒记录； 3. 无需清洁消毒的清洁包装材料，需有相应的卫生符合性确认记录。
67	第三十九条	企业应当对生产过程使用的物料以及半成品全程清晰标识，标明名称或者代码、生产日期或者批号、数量，并可追溯。	1. 生产现场使用物料及半成品的标识是否包括名称或者代码、生产日期或者批号、使用期限、数量等信息； 2. 生产过程中各工序之间物料交接是否有记录，是否可追溯。	1. 生产现场使用物料及半成品的标识，应包括名称或者代码、生产日期或者批号、使用期限、数量等信息； 2. 不同生产工序物料交接记录。

序号	条款	《化妆品生产质量管理规范》条款内容	检查要点	证据类型
68*	第四十条	企业应当对生产过程按照生产工艺规程和岗位操作规程进行控制，应当真实、完整、准确地填写生产记录。 生产记录应当至少包括生产指令、领料、称量、配制、填充或者灌装、包装、产品检验以及放行等内容。	1. 企业是否对生产操作人员进行生产工艺培训；操作人员是否按照生产工艺规程和岗位操作规程规定的技术参数和关键控制要求进行操作； 2. 生产记录是否可以如实反映出整个生产过程的技术参数和关键点控制状况，是否包括生产指令、领料、称量、配制、填充或者灌装、包装过程和产品检验、放行记录等内容。	1. 生产操作人员的生产工艺培训记录； 2. 生产记录，应包括生产指令、领料、称量、配制、填充或者灌装、包装过程和产品检验、放行记录等内容。
69	第四十一条	企业应当在生产后检查物料平衡，确认物料平衡符合生产工艺规程设定的限度范围。超出限度范围时，应当查明原因，确认无潜在质量风险后，方可进入下一工序。	1. 企业是否建立并有效执行生产后物料平衡管理制度； 2. 配制、填充、灌装、包装等工序的物料平衡结果是否符合生产工艺规程设定的限度范围； 3. 生产后物料平衡出现偏差，超出限度范围时，企业是否分析原因，是否由质量管理部门确认无潜在质量风险后进入下一工序，是否记录处理过程。	1. 物料平衡管理制度； 2. 配制、填充、灌装、包装等工序的物料平衡记录； 3. 生产后物料平衡出现偏差，超出限度范围时的原因分析及相关处理记录。
70	第四十二条	企业应当在生产后及时清场，对生产车间和生产设备、管道、容器、器具等按照操作规程进行清洁消毒并记录。清洁消毒完成后，应当清晰标识，并按照规定注明有效期限。	1. 企业是否建立并执行生产后清洁消毒制度； 2. 企业在生产后或者更换生产品种前是否及时清场，是否按照规定的方法和要求对生产区域和生产设备、管道、容器具等清洁消毒，是否保留记录； 3. 清洁消毒完成后，企业是否按规定清晰标示清洁消毒有效期限。	1. 车间生产清洁消毒制度； 2. 车间清洁消毒记录； 3. 清洁消毒标识，且应注明清洁消毒有效期限。

序号	条款	《化妆品生产质量管理规范》条款内容	检查要点	证据类型
71	第四十三条	企业应当将生产结存物料及时退回仓库。退仓物料应当密封并做好标识，必要时重新包装。仓库管理人员应当按照退料单据核对退仓物料的名称或者代码、生产日期或者批号、数量等。	1. 企业是否建立并执行结存物料退仓管理制度； 2. 生产结存物料是否经质量管理人员确认符合质量要求后放行退仓；退仓物料是否做到密封并清晰标识；退仓物料标识的物料标准中文名称或者代码、供应商名称或者代码、生产日期或者批号、使用期限、贮存条件等信息是否与相应领用物料标识信息保持一致； 3. 仓库管理人员是否核对退料单信息以及退仓物料包装情况。	1. 结存物料退仓管理制度； 2. 生产结存物料退仓、放行记录； 3. 退仓物料标识、包装情况； 4. 退料单。
72	第四十四条第一款	企业应当建立并执行不合格品管理制度，及时分析不合格原因。企业应当编制返工控制文件，不合格品经评估确认能够返工的，方可返工。不合格品的销毁、返工等处理措施应当经质量管理部门批准并记录。	1. 企业是否建立并执行不合格产品管理制度和返工控制文件； 2. 企业是否保存不合格品分析记录和分析报告；不合格产品的返工是否由质量管理部门按照返工控制文件予以评估确认；不合格品销毁、返工等处理措施是否由质量管理部门批准并记录。	1. 不合格品管理制度； 2. 返工控制相关制度； 3. 不合格品分析记录和报告； 4. 不合格品销毁、返工等处理记录。
73	第四十四条第二款	企业应当对半成品的使用期限做出规定，超过使用期限未填充或者灌装的，应当及时按照不合格品处理。	1. 企业是否建立半成品使用期限管理制度；设定的半成品使用期限是否有依据； 2. 企业是否按照不合格品管理制度及时处理超过使用期限未填充或者灌装的半成品，是否留存相关记录。	1. 半成品使用期限管理制度； 2. 半成品使用期限设定依据； 3. 超过使用期限未填充或者灌装的半成品按照不合格品管理制度的处理记录。

序号	条款	《化妆品生产质量管理规范》条款内容	检查要点	证据类型
74**	第四十五条第一款	企业应当建立并执行产品放行管理制度，确保产品经检验合格且相关生产和质量活动记录经审核批准后，方可放行。	1. 企业是否建立并执行产品放行管理制度； 2. 产品放行前，企业是否确保产品经检验合格且检验项目至少包括出厂检验项目；是否确保相关生产和质量活动记录经质量安全负责人审核批准。	1. 产品放行管理制度； 2. 产品放行记录，且应包含质量安全负责人审核批准相关记录； 3. 产品检验报告； 4. 产品出厂检验标准。
75	第四十五条第二款	上市销售的化妆品应当附有出厂检验报告或者合格标记等形式的产品质量检验合格证明。	上市销售的产品是否附有出厂检验报告或者合格标记等形式的产品质量检验合格证明。	1. 产品销售记录； 2. 产品检验报告或者合格标记等形式的产品质量检验合格证明。

第二节 生产过程管理要点解读

一、总体变化

《检查要点及判定原则》的"生产过程管理"部分与原《许可检查要点》的"生产管理"部分的区别主要有以下几个方面：

（一）检查要点总体变化情况

相较《许可检查要点》，从条款数的设立上来看，由原来的14项增加为16项（其中关键项目2项、其他重点项目2项、一般项目12项），对企业在生产过程中的质量管理提出了更高的要求，从政策法规层面为企业开展化妆品生产设立了基本标准，帮助企业明晰责任要求。从条款内容的设置上来看，《检查要点及判定原则》的表述为更加原则性的内容，较《许可检查要点》中具体的要求更加科学，允许企业在符合法规要求的前提下，根据企业生产实际建立符合自身情况的生产过程质量管理体系。

（二）首次明确提出产品生产实际与注册备案资料一致

我国化妆品监管对产品实施注册、备案制，对生产施行许可审批制。长久以来，企业的注册、备案资料与生产实际情况并不一定完全符合。因此，在《检查要点及判定原则》中明确提出"企业应当按照化妆品注册、备案资料载明的技术要求建立并执行产品生产工艺规程和岗位操作规程，确保按照化妆品注册、备案资料载明的技术要求生产产品"，这无疑是在提醒企业，注册、备案的资料应能客观地反映申报产品的实际生产过程，两者是紧密结合的，同时也促进了企业内部的沟通交流，为监管部门对企业申报产品的监管奠定了良好的政策基础。

（三）首次将工艺验证、物料平衡作为一般项管理

《检查要点及判定原则》中首次将工艺验证、物料平衡作为一般项管理，鼓励企业开展工艺验证、物料平衡方面的工作，而在《许可检查要点》中这些都是推荐项。伴随着产业的发展，本轮新法规体系的完善，对于企业该方面的要求多了强制性，从监管方要求企业对于质量管理体系不断进行完善，促进产业向着高质量发展方向迈进。

二、重点条款解读

（一）工艺验证要求方面

科学、合理的工艺验证可以帮助化妆品生产企业提前预判批量化生产中可能影响产品质量安全的因素。

1. 工艺验证方案的制定

其一，验证小组的确定。开展验证前，应首先确定参与验证方案执行的人员，人员结构应合理，包括但不限于研发人员、生产人员、质量人员等。作为产品开发的重要成员，研发人员可在验证过程中对研发阶段已经预知、仍待确定的工艺影响因素进行科学判断，帮助工艺验证顺利开展；生产人员作为未来工艺开展的重要执行人员，需对生产过程的各种参数、突发情况判断等提前介入，为后期企业顺利开展生产提供人员保障；质量人员作为企业内部的第三方监管力量，对于产品质量全生命周期的把控至关重要，同时，

对一般企业而言，最终验证记录的管理基本由质量部存档管理。

其二，验证工艺的确定。企业应根据研发阶段产品的生产工艺，初步拟定实际生产时的工艺方案，应至少包括以下因素：关键工艺参数（温度、搅拌速度等），投料顺序，过程控制要求等。

其三，评价标准的确定。工艺验证一定是以实现一个既定目标为前提开展的，因此，在方案制定之初，应明确工艺验证最终的评价标准。只有评价标准明确，才能对工艺验证是否符合预期目标进行客观评判。

其四，验证方式的选择。常见的验证方式主要有预验证、回顾性验证、再验证、同步性验证等。企业应根据实际验证需求选择合适的验证方式开展验证。

2. 工艺验证记录的要求

工艺验证记录应客观、完整。其内容应至少包含产品名称、领料记录、生产记录、检测记录等。记录要求应按照企业记录相关制度管理要求执行，不得随意篡改，影响验证结果的判断。

3. 工艺验证报告的输出

一份完整的工艺验证报告应至少包括验证目的、验证范围、验证小组成员及职责、评价方法及标准、工艺验证过程记录、验证结论等要素。

（二）物料平衡要求方面

企业在化妆品生产过程中开展物料平衡，有利于其生产过程的精细化管理。

1. 物料平衡公式的制定

"物料平衡"是指产品或者物料的实际产量及收集到的损耗之和与理论产量之间的比较，并适当考虑可允许的偏差。因此，物料平衡的计算可采取如下公式：

$$物料平衡率（\%）= \frac{实际产量 + 检验抽样量 + 合理损耗}{理论产量} \times 100\%$$

企业在实际生产中可按照上述计算方式制定合理的物料平衡计算公式，指导实际生产的开展。

2. 物料平衡制度的建立

企业生产环节的物料平衡控制应至少包括：配制、填充、灌装、包装等工序。应对上述环节中物料平衡结果是否符合生产工艺规程设定的限度范围进行及时跟踪，做好相关记录。应建立物料平衡率超出限定范围时的原因分析及处理措施。

三、制度记录示例

示例 **1**

验证操作程序

1. 目的

为定义验证的要求制定一份标准操作流程来指引验证参与人员顺利完成验证计划、验证准备工作，有效跟踪验证过程，完成验证报告。

2. 范围

本程序适用于新配方、新包装、新设备、新生产线的验证，以及经变更控制小组审核后发生变更的设备 / 产品验证。客户若有具体要求，按照客户要求执行。

3. 定义

验证是在工艺、设备、检测方法和系统的变更永久发生之后进行的若干批生产，收集数据证明相关的产品、工艺、设备、方法等符合预期要求的活动。如果在验证过程中对产品、工艺、设备、方法有所修改，则已完成的有效性验证无效，需重新进行试生产或有效性验证。

4. 职责

5. 程序

5.1 公司自主的验证，以大货生产的前 3 批为验证批，如在首批之后的 6 个月内未满 3 批，则以实际生产的批次数为验证批。

5.1.1 在大货生产前，验证负责人完成验证方案。

5.1.2 验证批完成后的 10 个工作日内，生产部向验证负责人提供验证批的生产记录（配制为 CMI 的记录，灌包装为 PMI 的记录），实验室向研发部提供半成品和成品的检验报告。

5.1.3 验证负责人依据 CMI 记录、PMI 记录和半成品 / 成品检验报告，判断验证是否成功并填写验证报告（附件 5）。

如实际生产工艺无异常，且检验结果符合产品标准，则判断为验证通过；

如实际生产工艺有异常，或检验结果不符合产品标准，生产部和实验室需立即通报验证负责人，在解决后，重启验证。

5.1.4 产品的放行不受验证批的限制。

5.2 客户主持的验证：

5.2.1 验证申请：在与客户就验证方案和时间达成一致后，业务部下达系统订单，由计划部根据验证时间要求安排生产计划。

5.2.2 制定验证行动计划：验证负责人召集参与验证的主要人员开会讨论验证所用的设备 / 标准 / 程序 / 人员 / 材料 / 生产线等是否已经准备到位，如果没有准备好，则必须制定行动计划，把准备工作分配给每位参与验证的主要参与人员去完成。

5.2.3 验证负责人在验证进行前完成以下检查或查看工作（包括但不限于）：

检查即将投入验证的所有机器和设备是否已经完成 IQ/OQ；

确认 BOM 表是否已完成并生效；

确认原材料最新标准是否已建立；

确认 CMI/PMI 制造文件转换是否已完成；

查看原材料的检测放行，以和标准样确认；

与 QA 确认所有测试方法是否已完成方法转移 (包括原材料测试方法)，以及试剂和检测仪器的确认；

与生产计划人员确认所有原材料到位情况，确认量足够；

水、电、气等公用设施已通过验证。

确认验证草案是否已生效，验证方案需包括以下内容：验证方案设定的取样方案和检验成功标准能提供足够的代表性数据来支持验证结果；验证批的产品放行的标准和依据；需验证所有允许使用的可替换设备，并分别进行验证。

5.2.4 培训：验证负责人在验证前根据 CMI/PMI 对相关人员进行全面的工艺培训，包括现场操作人员的培训。

5.2.5 验证前的检查：

培训结束后，验证负责人再次检查验证的准备工作是否已全部完成，验证所用的东西是否已全部准备好，包括但不限于：

验证负责人现场监督检查称量，确认称量前原料包装符合 GMP 要求，称量记录符合要求；

确认特殊原材料的处理状态 (如需预烘或冷藏储存)；

制造文件最新版 MI/PMI 最后确认 (确认原材料号无误)；

预先准备好半成品或成品的标准样品，可用于现场比较；

投料前确认 C&S 符合要求 (目测设备判断，并可要求 QA 提供检测结果)。

5.2.6 验证计划的执行：

验证负责人组织验证计划的实施和执行。以下是各部门的主要职责：

生产制造部负责按照验证计划执行验证工作；

工程部负责整个验证的技术指导工作；

质量保证部负责整个验证过程的质量控制和材料、半成品、成品的检验；

仓库负责按照验证要求接收、储存、发放验证材料、半成品和成品。

5.2.7　验证过程的跟踪：

验证负责人全程监督验证过程，包括投料前物料代码和重量的确认，确保验证过程严格按照 CMI/PMI 定义的工艺参数和要求进行。

QA 经理负责跟踪清洗消毒（对接人：微生物系统管理专员）和在线质量控制过程（对接人：QC 主管），主要关注清洗消毒程序是否正确执行，在执行清洗消毒程序的过程中是否有新的质量和安全风险存在，以和指导在线 QC 进行质量控制；验证结束后，QC 主管总结所有的在线数据，所有指标达到验证计划中规定的要求后才能进行下一步。

生产制造部负责人负责合理安排工艺流程和操作人员，跟踪每种材料和半成品在不同阶段（分为调机、验证阶段）的报废和使用情况以及停机处理情况。验证结束后，计算不同阶段各种材料和半成品的报废率以及产成率（PR）。工程部人员做好设备的调整和在线故障/技术问题的处理工作。

5.2.8　验证总结：验证负责人对验证的执行过程和质量控制结果制订一份验证报告，报告上报客户相关部门、公司 QA 经理和生产制造部经理等批准。

5.2.9　成品放行：验证报告批准后，QA 放行专员根据质量检测结果和验证报告批准成品放行。

5.2.10 验证计划和报告的归档：验证工作完成后，验证负责人提交验证计划和报告给体系专员（有效性验证系统负责人）归档。

6. 相关文件

示例 2

验证方案

验证编号：

产品代码：

产品名称：

A. 目的

B. 范围

C. 项目背景

D. 角色与职责

E. 时间安排

F. 材料来源

G. 设备

H. 验证过程

I. 成功标准

J. 产品处置

K. 批准

验证负责人		日期	
批准：			
研发部经理		日期	
生产制造部经理		日期	
工程部经理		日期	
QA 经理		日期	

示例 ③

验证报告

产品代码：

产品名称：

A. 验证批次

B. 验证结论

C. 附件（生产记录、检验报告）

D. 批准

起草人		日期	
批准：			
研发部经理		日期	
生产制造部经理		日期	
工程部经理		日期	
质量保证部经理		日期	

第三节 生产过程管理常见问题解答

问 1： 是否需要对生产工艺进行验证，哪些情况下需要进行验证？

答： 企业应当建立生产工艺规程，并明确生产工艺参数及工艺过程的关键控制点，制定工艺验证管理规程，对主要的生产工艺进行验证，并保留验证方案、记录及报告。当影响产品质量的主要工艺参数等发生改变时，企业应当进行再验证。

提示：《检查要点及判定原则》(实际生产版) 第 61** 项、第 62* 项。

问 2： 企业应如何制定产品的生产工艺规程？

答： 企业制定的生产工艺规程应与该产品注册、备案资料载明的技术要求保持一致。实际生产应严格按照产品注册、备案资料载明的技术要求进行生产。

提示：《检查要点及判定原则》(实际生产版）第 61** 项。

问 3： 生产指令应当包含哪些内容？

答： 生产指令应当包括产品名称、生产批号（或者与生产批号可关联的唯一标识符号）、产品配方、生产总量、生产时间等内容。

提示：《检查要点及判定原则》(实际生产版）第 63 项。

问 4： 生产记录应包含哪些内容？

答： 生产记录应当至少包括生产指令、领料、称量、配制、填充或者灌装、包装、产品检验以及放行等内容。企业应当真实、完整、准确地填写生产记录。

提示：《检查要点及判定原则》(实际生产版）第 68* 项。

问 5： 生产后是否需要检查物料平衡？哪些工序需要检查物料平衡？

答： 企业应建立并有效执行生产后物料平衡管理制度，在生产后检查物料平衡，确认配制、填充、灌装、包装等工序的物料平衡符合生产工艺规程设定的限度范围；超出限度范围时，应当查明原因，确认无潜在质量风险后，方可进入下一工序。

提示：《检查要点及判定原则》(实际生产版）第 69 项。

问 6： 不合格品的处理是否由企业负责人批准即可？

答： 企业应当建立并执行不合格品管理制度，不合格品的返工应由质量管理部门按照返工控制文件予以评估确认；不合格品的销毁、返工等处理措施应当经质量管理部门批准并记录。

提示：《检查要点及判定原则》(实际生产版）第 72 项。

问 7： 对半成品的使用期限有何规定？

答： 企业设定半成品使用期限应当有充分的依据。超过使用期限未填充或者灌装的半成品，应当及时按照不合格品处理。对于外购半成品超过使用期限未填充或者灌装的，同样应按照不合格品处理。

提示：《检查要点及判定原则》（实际生产版）第 73 项。

问 8：化妆品经营者是否可以将大包装化妆品"分装"成小包装后销售？

答：　根据《化妆品监督管理条例》规定，化妆品的最小销售单元应当有标签。根据《化妆品生产经营监督管理办法》规定，配制、填充、灌装化妆品内容物，应当取得化妆品生产许可证。据此，化妆品经营者以及在经营中使用化妆品或者为消费者提供化妆品的美容美发机构、宾馆等（以下统称"化妆品经营者"），对大包装的化妆品"分装"成小包装，其行为如果接触化妆品内容物，则属于化妆品生产行为，应当取得化妆品生产许可证。化妆品经营者未取得化妆品生产许可证的情况下，以接触化妆品内容物的方式"分装"化妆品后销售的行为，涉嫌违法，应予禁止。

提示：化妆品生产经营常见问题解答（二）。

问 9：企业在开展生产前应该做哪些准备？

答：　企业应当在生产开始前对生产车间环境、生产设备、周转容器状态和清洁（消毒）状态标识等进行确认，确保符合生产要求。生产待使用物料领用和确认记录应符合生产指令的要求。

提示：《检查要点及判定原则》（实际生产版）第 65 项。

问 10：企业生产过程中的物料和半成品应如何标识？

答：　企业生产现场使用物料及半成品的标识应包括名称或者代码、生产日期或者批号、使用期限、数量等信息；生产过程中各工序之间物料交接应有记录，确保其可追溯。

提示：《检查要点及判定原则》（实际生产版）第 67 项。

问 11：不再继续生产的备案产品是否需要主动注销？

答： 根据《化妆品监督管理条例》《办法》和化妆品注册备案相关法规规定，对不再生产的产品，备案人可在备案平台主动申请注销。备案人主动注销产品既有利于维护消费者的知情权，同时提高了监管部门效率。申请主动注销的产品，如不存在违反法律法规的情形，备案信息注销前已上市的相关产品，可以销售至保质期结束。而监管部门取消备案是对违法行为的惩罚措施，按照《化妆品监督管理条例》第六十五条的规定，备案部门取消备案的产品自取消备案之日起不得上市销售，仍然上市销售该产品的，监管部门将按照规定依法予以处罚。

提示：化妆品监督管理常见问题解答（四）。

问 12：美容美发机构、宾馆等是否可以配制、灌装化妆品？

答： 美容美发机构、宾馆等在经营中使用化妆品或者为消费者提供化妆品的，应当依法履行《化妆品监督管理条例》以及《办法》规定的化妆品经营者义务，其为消费者提供的化妆品应当符合最小销售单元标签的规定。

按照《办法》规定，配制、填充、灌装化妆品内容物，应当取得化妆品生产许可证。美容美发机构等不得自行配制化妆品，也不得擅自填充、灌装化妆品内容物，但依照化妆品标签或者说明书中使用方法，现场调配化妆品给消费者使用的情形除外。宾馆、洗浴中心、婚纱影楼、月子中心等为消费者提供的化妆品应当有符合规定的产品标签，标签应当标注产品名称、特殊化妆品注册证编号，注册人、备案人、受托生产企业的名称、地址，化妆品生产许可证编号，产品执行的标准编号，全成分，净含量，使用期限、使用方法以及必要的安全警示，以及法律、行政法规和强制性国家标准规定应当标注的其他内容。

提示：化妆品生产经营常见问题解答（一）。

问 13：企业如何保证生产实际与化妆品注册备案资料技术要求的一致性？

答：　　企业应当建立化妆品生产一致性审核制度。质量安全负责人应当在首次生产前对生产的化妆品产品配方、生产工艺、产品标签等内容进行审核管理，形成化妆品生产一致性审核记录，并定期对相关内容进行回顾性审核，确保生产的产品符合化妆品注册、备案资料载明的技术要求。记录应当包括审核产品名称、特殊化妆品注册证编号或者普通化妆品备案编号、审核内容等。质量安全负责人发现生产的化妆品产品配方、生产工艺、产品标签等内容存在与注册、备案资料载明的技术要求不一致或者其他不符合法律法规要求的，应当立即组织采取风险控制等措施。

提示：《企业落实化妆品质量安全主体责任监督管理规定》第十七条。

问 14：企业应如何实施放行制度？

答：　　企业应当建立产品逐批放行制度。质量安全负责人应当组织对产品进行逐批审核，确保每批放行产品均检验合格且相关生产和质量活动记录经其审核批准，并形成产品放行记录。记录应当包括产品放行时间，放行产品的名称、批号、数量，以及放行检查内容。质量安全负责人发现产品存在质量安全风险的，不予放行，立即组织采取风险控制等措施，并及时报告法定代表人。

提示：《企业落实化妆品质量安全主体责任监督管理规定》第十八条。

问 15：推荐性国家标准或行业标准将洗面奶、护肤乳液、烫发剂等相关类别产品的 pH 值指标设定为较为宽泛的范围，企业在设定具体产品的 pH 值控制范围时是否可直接引用推荐性国家标准或行业标准中相应的 pH 值指标？

答：　　为了使标准具有普遍适用性，相关类别化妆品的推荐性国家标准或行业标准设定了较为宽泛的 pH 值指标范围，有的同时包含酸性和碱性区域，有的甚至达到强酸或强碱的程度。企业在设定具体产品的 pH 值控制范围时，应当根据产品配方、生产工艺、使用方法等，设定能够表征该产品安全性控制指标的 pH 值控制范围，不宜完全照搬推荐性国家标准或行业标准中设定的 pH 值指标。

提示：化妆品监督管理常见问题解答（二）。

第六章 产品销售管理检查要求

第一节 产品销售管理查证证据

序号	条款	《化妆品生产质量管理规范》条款内容	检查要点	证据类型
76*	第五十八条	化妆品注册人、备案人、受托生产企业应当建立并执行产品销售记录制度，并确保所销售产品的出货单据、销售记录与货品实物一致。产品销售记录应当至少包括产品名称、特殊化妆品注册证编号或者普通化妆品备案编号、使用期限、净含量、数量、销售日期、价格，以及购买者名称、地址和联系方式等内容。	1. 企业是否建立并执行产品销售记录制度； 2. 产品销售记录是否包括产品名称、特殊化妆品注册证编号或者普通化妆品备案编号、使用期限、净含量、数量、销售日期、价格，以及购买者名称、地址和联系方式等内容； 3. 所销售产品的出货单据、销售记录与产品实物是否一致。	1. 产品销售记录制度； 2. 产品销售记录； 3. 产品出货单据与货品实物。
77	第五十九条	化妆品注册人、备案人、受托生产企业应当建立并执行产品贮存和运输管理制度。依照有关法律法规的规定和产品标签标示的要求贮存、运输产品，定期检查并且及时处理变质或者超过使用期限等质量异常的产品。	1. 企业是否建立并执行产品贮存和运输管理制度； 2. 产品的贮存、运输条件是否符合有关法律法规的规定和产品标签标示的要求； 3. 企业是否定期检查并且及时处理变质或者超过使用期限等质量异常的产品。	1. 产品贮存和运输管理制度； 2. 产品的贮存、运输条件有关法律法规汇编； 3. 产品标签； 4. 质量异常产品处置相关制度； 5. 质量异常产品台账； 6. 质量异常产品处理记录。

序号	条款	《化妆品生产质量管理规范》条款内容	检查要点	证据类型
78	第六十条	化妆品注册人、备案人、受托生产企业应当建立并执行退货记录制度。退货记录内容应当包括退货单位、产品名称、净含量、使用期限、数量、退货原因以及处理结果等内容。	1. 企业是否建立并执行退货记录制度； 2. 企业退货记录是否包括退货单位、产品名称、净含量、使用期限、数量、退货原因以及处理结果等内容。	1. 退货制度； 2. 退货记录； 3. 退货记录应包括退货单位、产品名称、净含量、使用期限、数量、退货原因以及处理结果等内容。
79	第六十一条	化妆品注册人、备案人、受托生产企业应当建立并执行产品质量投诉管理制度，指定人员负责处理产品质量投诉并记录。质量管理部门应当对投诉内容进行分析评估，并提升产品质量。	1. 企业是否建立并执行产品质量投诉管理制度；产品质量投诉管理制度是否规定投诉登记、调查、评价和处理等要求； 2. 企业是否指定人员负责产品质量投诉处理并记录；指定的人员是否具备质量投诉处理的基本知识； 3. 企业质量管理部门是否对质量相关投诉内容进行分析评估，并采取措施提升产品质量。	1. 产品质量投诉管理制度； 2. 企业指定人员负责产品质量投诉处理并记录的文件； 3. 指定的人员应具备质量投诉处理的基本知识； 4. 对质量相关投诉内容进行分析评估，并采取措施提升产品质量的相关记录。
80*	第六十二条	化妆品注册人、备案人应当建立并实施化妆品不良反应监测和评价体系。受托生产企业应当建立并执行化妆品不良反应监测制度。化妆品注册人、备案人、受托生产企业应当配备与其生产化妆品品种、数量相适应的机构和人员，按规定开展不良反应监测工作，并形成监测记录。	1. 化妆品注册人、备案人是否建立并实施化妆品不良反应监测和评价体系；受托生产企业是否建立并执行化妆品不良反应监测制度； 2. 企业是否配备与其生产化妆品品种、数量相适应的不良反应监测机构和人员；企业是否按照规定开展不良反应监测工作，并形成监测记录；监测记录是否符合规定。	1. 化妆品注册人、备案人应提供化妆品不良反应监测和评价体系相关资料； 2. 受托生产企业应提供化妆品不良反应监测制度； 3. 人员花名册和岗位说明； 4. 产品出入库台账； 5. 不良反应监测记录。

序号	条款	《化妆品生产质量管理规范》条款内容	检查要点	证据类型
81*	第六十三条	化妆品注册人、备案人应当建立并执行产品召回管理制度，依法实施召回工作。发现产品存在质量缺陷或者其他问题，可能危害人体健康的，应当立即停止生产，召回已经上市销售的产品，通知相关化妆品经营者和消费者停止经营、使用，记录召回和通知情况。对召回的产品，应当清晰标识、单独存放，并视情况采取补救、无害化处理、销毁等措施。因产品质量问题实施的化妆品召回和处理情况，化妆品注册人、备案人应当及时向所在地省、自治区、直辖市药品监督管理部门报告。受托生产企业应当建立并执行产品配合召回制度。发现其生产的产品有第一款规定情形的，应当立即停止生产，并通知相关化妆品注册人、备案人。化妆品注册人、备案人实施召回的，受托生产企业应当予以配合。召回记录内容应当至少包括产品名称、净含量、使用期限、召回数量、实际召回数量、召回原因、召回时间、处理结果、向监管部门报告情况等。	1. 化妆品注册人、备案人是否建立并执行产品召回管理制度；产品召回管理制度是否包括产品质量安全信息的监测收集、调查评估、召回计划的制定和实施、召回产品的处理、召回结果的报告等要求；受托生产企业是否建立并执行配合召回制度； 2. 发现产品存在质量缺陷或者其他问题，可能危害人体健康时，化妆品注册人、备案人是否立即停止生产，召回已经上市销售的产品，是否立即通知相关化妆品经营者和消费者停止经营、使用该产品，是否记录召回和通知情况；受托生产企业是否立即停止生产，并通知相关化妆品注册人、备案人；化妆品注册人、备案人实施召回时，受托生产企业是否予以配合，是否记录配合内容； 3. 化妆品注册人、备案人是否对召回的产品清晰标识、单独存放，是否视情况采取补救、无害化处理、销毁措施； 4. 化妆品注册人、备案人是否及时将因产品质量问题实施的化妆品召回和处理情况向所在地省、自治区、直辖市药品监督管理部门报告； 5. 产品召回记录是否符合要求，是否至少包括产品名称、净含量、使用期限、召回数量、实际召回数量、召回原因、召回时间、处理结果、向监管部门报告情况等内容。	1. 化妆品注册人、备案人的产品召回管理制度； 2. 受托生产企业的配合召回制度； 3. 发现产品存在质量缺陷或者其他问题，可能危害人体健康时，化妆品注册人、备案人立即停止生产的相关通知； 4. 已经上市销售的产品的召回记录； 5. 立即通知相关化妆品经营者和消费者停止经营、使用该产品相关的记录； 6. 受托生产企业立即停止生产，并通知相关化妆品注册人、备案人的相关记录； 7. 化妆品注册人、备案人实施召回时，受托生产企业记录配合内容的相关证明资料； 8. 化妆品注册人、备案人对召回的产品清晰标识、单独存放，采取补救、无害化处理、销毁等措施的记录； 9. 化妆品注册人、备案人向所在地省、自治区、直辖市药品监督管理部门报告的证明资料。

第二节　产品销售管理要点解读

一、总体变化

《检查要点及判定原则》的"产品销售管理"部分与原《许可检查要点》的"产品销售、投诉、不良反应与召回"部分的区别主要有以下几个方面：

（一）检查要点总体变化情况

相较《许可检查要点》，从条款数的设立上来看，由原来的 11 条变为 6 条（其中其他重点项目 3 项、一般项目 3 项），条款涵盖产品销售、产品贮存和运输、退货、质量投诉、不良反应监测和评价以及召回管理。相比之下，《检查要点及判定原则》条款精简，从法规层面明确了注册人/备案人以及受托生产企业的责任与义务。

（二）强化记录中产品追溯性要求

在《检查要点及判定原则》产品销售记录至少应包含的内容中增加了特殊化妆品注册证编号或者普通化妆品备案编号、使用期限、价格，以及购买者名称、地址和联系方式。明确了退货记录的内容，包括退货单位、产品名称、净含量、使用期限、数量、退货原因以及处理结果等内容。强化了产品追溯性要求，一方面有利于企业及监管部门对存在质量安全产品的管理决策，另一方面有利于企业提升质量管理效率。

（三）产品召回实施主体发生变化

《许可检查要点》中召回的实施主体是生产企业，而《检查要点及判定原则》分别从化妆品注册人、备案人以及受托生产企业两方面对应履行的职责提出要求，更强调化妆品注册人、备案人的主体责任。

二、重点条款解读

以下主要解读产品召回方面的条款。

企业在自查发现产品存在质量问题、市场上发现产品存在安全隐患或其他需要对产品实施召回的情形时，可以启动产品召回程序。产品召回是降低安全危害、保护消费者权益的有效手段。同时，也能大幅减少企业的经济损失。

1. 产品质量安全信息监测收集、调查评估

化妆品注册人、备案人应当建立产品质量安全信息监测收集机制，明确收集渠道、相关负责的机构与人员，并做好相关记录。企业应组织人员对收集到的信息进行调查评估，若发现化妆品存在质量缺陷或者其他问题，可能危害人体健康的，应立即停止生产，启动召回程序。

2. 召回计划的制定和实施

其一，成立召回小组。召回小组应由化妆品注册人、备案人牵头，受托生产企业配合。一般应由质量人员、市场销售人员、生产人员等组成，明确各方在召回活动中的职责。

其二，明确召回程序。首先，明确召回范围，确定拟召回的产品范围，包括产品规格、批次、生产日期、销售区域等详细信息，确定召回的数量，确保所有存在问题的产品都能被涵盖。

其次，选择合适的召回方式，如通过媒体公告、电话联系等方式确保召回信息及时传达给消费者。再次，制定恰当的召回时间节点，包含启动时间、预计完成时间等，尽量降低潜在的风险。最后，明确召回流程，包含产品收集、运输、检测、处理等。

其三，召回实施。召回过程中，应严格按照召回计划开展召回活动，及时进行相关记录。

3. 召回结果的报告

召回活动结束后应形成报告，记录召回的过程，同时应记录在召回过程中向监管部门报告的情况。

三、制度记录示例

召回、全部调换及部分调换管理规程

1. 目的

为提供安全、优质、符合要求的产品，让顾客满意，使不合格的或有

风险的产品能及时、较为彻底地从代理商、经销商、商超专卖或消费者处收回，最大可能减少对上述顾客带来的损失，巩固自身品牌和拓展市场，特制定此规程。

2. 适用范围

适用于××已交付的不合格的或存在风险的产品。

3. 职责

3.1 质量部负责产品召回、全部调换及部分调换的分类、识别及提报工作。

3.2 总裁、质量安全负责人负责根据产品回收的程度对质量部的提报进行核准决定。

3.3 品牌事业部负责在作出回收产品决定后通知代理商立即停止该产品的销售并组织将产品运回公司，执行相应的决定。

3.4 工厂各部门负责日常生产过程中半成品和成品的标识，以便追溯及收回产品的接收与处理。

3.5 物流部负责成品储存及发运的可追溯性。

3.6 公关部负责在其职责范围内与媒体公众的沟通。

3.7 产品召回小组负责模拟召回演练。

4. 内容

4.1 质量安全信息的监测收集方式包括但不限于：留样观察、库存复检、消费者投诉、不良反应监测、市场抽检、新闻舆情、其他。

4.2 启动程序：

依照程度由高到低排列，产品回收分以下三个类别：召回、全部调换及部分调换。

回收可以由以下情形发起，包括但不限于：

（1）顾客（包括代理商、经销商、商超专卖及消费者）质量反馈；

（2）政府监管部门检查发现的不合格产品；

（3）公司内部检查发现不合格产品已经交付的。

4.3　定义：

4.3.1　召回：发现不良产品并经认定后，立即停止该不良产品的生产，以品种、批号（或时间段）为经纬，通知相关代理商、经销商、商超专卖和消费者停止经营、使用，并进行无偿收回。

4.3.2　全部调换：发现不良产品并经认定后，立即停止该不良产品的经营，以品种、批号（或时间段）为经纬，对符合回收条件的产品实施全部调换，与所有代理商、经销商、商超专卖均可能有关。

4.3.3　部分调换：发现不良产品并经认定后，限定仅对发生不良现象的产品与相应代理商、经销商、商超专卖进行调换，而与批号无关，与其他顾客无关。

4.4　认定条件：

质量部负责确认不合格因素，应根据以下认定条件识别回收类别并提交总裁、质量安全负责人进行核准，同时质量部需要组织对异常产品进行调查评估。

4.5　计划与实施：

4.5.1　召回：

（1）召回的范围为代理商、经销商、商超专卖、消费者处的所有不合格产品。

（2）经判定为召回类别的，立即停止该不良产品的生产，质量部负责集合品牌事业部、物流部、计划部、研发中心、法务部、公关部、财务部等相关部门组成的产品召回小组进行评审，评审内容包括：产品名称、生产日期及批次、回收原因、回收范围、回收数量、涉及金额等。

（3）质量部根据评审内容制定产品召回计划，计划交由总裁、质量安全负责人审批。

（4）产品召回计划经总裁、质量安全负责人审批通过后，产品召回小组应立即向政府监管部门汇报，并以品种、批号（或时段）为经纬，通知相关代理商、经销商、商超专卖和消费者立即停止经营、使用，并进行无偿收回。

（5）质量部负责召回的指挥工作，产品召回过程中，必须定期回顾召回行动的进展，以监督整个过程的成功运作。产品召回的运作只有在对公众的风险降低到安全水平时才可以取消。

（6）产品召回的运作结束时，产品召回小组必须通知政府部门或媒体产品召回已完成，召开汇报会议，对产品召回的有效性进行回顾，会议应同时对本规程进行回顾。

（7）产品召回小组编写产品召回报告，内容包括召回产品信息、召回数量、花费时间，防止重复发生所采取的措施等。

4.5.2 全部调换：

（1）全部调换的范围为代理商、经销商、商超专卖处的批量不合格产品。

（2）除根据《质量及服务反馈管理规程》操作外，质量部需上报总裁、质量安全负责人，并协助品牌事业部编制回收调换通知书，通知书经总裁、质量安全负责人批准后，发至代理商、经销商、商超专卖处，立即停止该不良产品的经营，以品种、批号（或时间段）为经纬对符合回收条件的产品进行全部调换，具体操作参见调换货管理相关制度。

4.5.3　部分调换：

（1）部分调换的范围为代理商、经销商、商超处发生不良现象的小部分或个别产品。

（2）由质量部提交总裁、质量安全负责人进行核准后实施，品牌事业部依照《投诉意见回执》实施调换，具体操作参见《质量及服务反馈管理规程》及调换货管理相关制度。

4.6　回收产品的处理：

4.6.1　回收的产品应当单独存放，清晰标识（标识的内容至少包括：产品名称、产品代码、批号、数召回、全部调换及部分调换管理规程）；

4.6.2　回收后的产品，如涉及内容物及内包材的不良产品，经总裁、质量安全负责人批准后，原则上作全部报废处理。

4.6.3　回收后的产品，如仅涉及外包材（宣称、标签等）的不良产品，经方案讨论及总裁、质量安全负责人批准后，可采取加贴标签或替换外包材等补救措施。

4.7　模拟召回及追溯演练：

4.7.1　产品召回小组每年安排一次模拟回收及追溯演练，且在2小时之内完成，如2小时之内未完成，则由产品召回小组再次安排演练。

4.7.2　演练方法：

质量部指定某一批号的产品为模拟召回及追溯演练对象。

参加演练的部门包括：配制、包装、质量、物流等。

（1）物流部根据成品的批号，从系统中导出产品的去向。

（2）品牌事业部根据产品的去向，向客户发出《产品模拟召回通知函》，通知客户如实填写即时库存并加盖公章后回传。

（3）配制、包装、质量部根据成品的批号，追溯产品的配制、包装过程、原辅材料、质量检验等，并将结果记录在《产品生产追溯表》中。

示例②

召回／模拟召回报告

背景介绍	
召回／模拟召回原因	
涉及产品详细介绍：品名、净含量、批号、入库数量、入库日期、生产日期、限期使用日期	
成功标准	
开始模拟召回时间	
结束模拟召回时间	
召回产品百分率	
处理措施	
结论：对比模拟召回成功标准看召回行动是否成功	
调查详情（如召回不成功）	
整改计划（如涉及）	
向监管部门报告情况	

数量记录

产品名称	批号	生产数量	销售或发运数量	库存数量	回收数量	回收率>95%

时间记录

产品名称	开始召回时间	结束召回时间	总召回时间	≤2小时

签名：

执行人：　　　　　　　　　　日期：

批准人：　　　　　　　　　　日期：

第三节　产品销售管理常见问题解答

问1： **产品销售记录应至少包含哪些内容？**

答： 企业应当建立并执行产品销售记录制度。产品销售记录应当至少包括产品名称、特殊化妆品注册证编号或者普通化妆品备案编号、使用期限、净含量、数量、销售日期、价格，以及购买者名称、地址和联系方式等内容。

提示：《检查要点及判定原则》（实际生产版）第76* 项。

问2： **产品退货记录应至少包含哪些内容？**

答： 企业应当建立并执行退货记录制度。做好记录并调查原因，采取必要的措施防止类似问题重复发生。退货记录应包括退货单位、产品名称、净含量、使用期限、数量、退货原因以及处理结果等内容。

提示：《检查要点及判定原则》（实际生产版）第78 项。

问3： **投诉管理制度应包含哪些内容？**

答： 投诉管理制度应当明确规定投诉登记、调查、评价和处理的要求，明确质量管理部门对质量相关投诉内容进行分析评估，采取措施提升产品质量。同时企业应指定人员（岗位）负责产品质量投诉处理及记录，明确该人员（岗位）需具备的质量投诉处理的基本知识。

提示：《检查要点及判定原则》（实际生产版）第79 项。

问4： **注册人、备案人在开展不良反应监测中有何职责？**

答： （1）建立并实施化妆品不良反应监测和评价体系，配备与其生产化妆品品种、数量相适应的机构和人员。

（2）通过产品标签、官方网站等方便消费者获知的方式向社会公布电话、电子邮箱等有效联系方式，主动收集来自受托生产企业、化妆品经营者、医疗机构、消费者等报告的其上市销售化妆品的不良反应。

化妆品注册人、备案人在发现或者获知化妆品不良反应后应当通过国家化妆品不良反应监测信息系统报告。

（3）化妆品注册人、备案人应当对发现或者获知的化妆品不良反应进行分析评价，必要时自查产品原料、配方、生产工艺、生产质量管理、贮存运输等方面可能引发不良反应的原因，采取有效措施控制风险。

（4）化妆品注册人、备案人应当客观、真实地记录与不良反应监测有关的活动并形成监测记录。不良反应监测记录保存期限不得少于报告之日起 3 年。

提示：《检查要点及判定原则》(实际生产版) 第 80* 项，《化妆品不良反应监测管理办法》第十九条、第二十四条、第二十六条。

问 5 ： 受托生产企业在开展不良反应监测中有何职责？

答： 受托生产企业应当建立并执行化妆品不良反应监测制度，配备与其生产化妆品品种、数量相适应的不良反应监测机构和人员，开展不良反应监测并形成记录。受托生产企业发现或者获知其生产的化妆品存在安全风险、可能危害人体健康的，应当立即停止生产，并同时告知化妆品注册人、备案人、境内责任人，配合其采取措施控制风险。

提示：《检查要点及判定原则》(实际生产版) 第 80* 项，《化妆品不良反应监测管理办法》第二十四条、第三十九条。

问 6 ： 产品召回管理制度和记录应包含哪些内容？

答： 产品召回管理制度包括产品质量安全信息的监测收集、调查评估、召回计划的制定和实施、召回产品的处理、召回结果的报告等要求。召回计划一般应明确召回的范围、召回方式、召回时间节点以及召回流程。

产品召回记录应至少包括产品名称、净含量、使用期限、召回数量、实际召回数量、召回原因、召回时间、处理结果、向监管部门报告情况等内容。因产品质量问题实施的化妆品召回和处理情况，应及时向向所在地省、自治区、直辖市药品监督管理部门报告。

提示：《检查要点及判定原则》（实际生产版）第 81* 项。

问 7：　何种情形下应实施召回？

答：　　化妆品注册人、备案人发现化妆品存在质量缺陷或者其他问题，可能危害人体健康的，应当立即停止生产，召回已经上市销售的化妆品。可能危害人体健康的产品一般有以下情形：正常使用下存在危害人体健康风险，如监测到存在严重的不良反应；不符合强制性国家标准、技术规范或者不符合化妆品注册、备案资料载明的技术要求的产品，如限用物质超标等；不符合化妆品生产经营质量管理有关规定，可能存在安全风险的产品。

提示：《条例》第四十四条。

图书在版编目(CIP)数据

化妆品生产质量管理规范指引 / 上海市医疗器械化妆品审评核查中心编；刘恕主编.--上海 ：学林出版社，2025. -- ISBN 978-7-5486-2075-4

Ⅰ. TQ658-65

中国国家版本馆 CIP 数据核字第 2025JF3009 号

责任编辑 王　慧
封面设计 零创意文化

化妆品生产质量管理规范指引

上海市医疗器械化妆品审评核查中心 编

刘恕 主编

出　　版	学林出版社
	（201101　上海市闵行区号景路 159 弄 C 座）
发　　行	上海人民出版社发行中心
	（201101　上海市闵行区号景路 159 弄 C 座）
印　　刷	上海颛辉印刷厂有限公司
开　　本	720×1000　1/16
印　　张	9
字　　数	13 万
版　　次	2025 年 5 月第 1 版
印　　次	2025 年 5 月第 1 次印刷

ISBN 978-7-5486-2075-4/R・5

定　　价　48.00 元

（如发生印刷、装订质量问题，读者可向工厂调换）